AF546096

Sigrid Petra Busch

Der Tierschutzhund

Sigrid Petra Busch

Der Tierschutzhund

Behutsame Eingewöhnung und achtsames Training

2., aktualisierte Auflage

Oertel+Spörer

Bildnachweis
Illustrationen: Gabriele Magdits

Haftungsausschluss
Die Hinweise in diesem Buch wurden von der Autorin sorgfältig recherchiert und geprüft. Es können jedoch keinerlei Garantien übernommen werden. Eine Haftung der Autorin, des Verlags und seiner Beauftragten für Personen-, Sach- und Vermögensschäden ist ausgeschlossen. Sämtliche Teile des Werks sind urheberrechtlich geschützt. Jede Verwertung außerhalb der engen Grenzen des Urheberrechtsgesetzes ist ohne die schriftliche Zustimmung des Verlags und der Autorin unzulässig und strafbar. Dies gilt insbesondere für Vervielfältigungen, Übersetzungen, Mikroverfilmungen und die Einspeicherung und Verarbeitung in elektronischen Systemen.

Bibliografische Information der Deutschen Nationalbibliothek
Die Deutsche Nationalbibliothek verzeichnet diese Publikation in der Deutschen Nationalbibliografie; detaillierte bibliografische Daten sind im Internet über http://dnb.d-nb.de abrufbar.

Postfach 1642 · 72706 Reutlingen
2., aktualisierte Auflage

Lektorat: Dr. Gabriele Lehari
DTP und Repro: raff digital gmbh, Riederich
Druck und Einband: Grafisches Centrum Cuno, Calbe
Printed in Germany
ISBN 978-3-88627-881-7

Inhalt

Geleitwort von Dorit Haubenhofer

Als mich Sigrid Busch vor Kurzem fragte, ob ich ein Vorwort zu ihrem Buch schreiben würde, war ich nicht nur ehrlich geehrt, sondern auch überrascht. Bis heute kann ich als vierfache Mutter nicht verstehen, wie es jemand neben Beruf/Ausbildung und Familie mit Kleinkind schafft, ein so komplexes, langes und zeitintensives Projekt wie das Schreiben eines Buches in der (kaum mehr vorhandenen „Freizeit") zu bewerkstelligen.

Dennoch, es ist gelungen, und zu diesem Erfolg darf ich ganz herzlich gratulieren! Das vorliegende Werk beschäftigt sich mit der fürsorgenden Seite des Menschen. Einem Hund aus dem Tierschutz ein Zuhause zu geben, ist eine enorme Bereicherung – kann aber auch eine große Herausforderung und mit Anstrengungen verbunden sein. Da stellt sich die Frage: „Warum sollte ich das tun?" Um darauf eine Antwort zu finden, muss man einen Schritt weiter gehen und sich eine viel grundlegendere Frage stellen: „Warum sind Hunde für uns Menschen so wichtig?" Dies ist eigentlich – auch oder vielleicht sogar besonders – aus meiner fachlichen Sicht eine interessante Frage, weil sie uns so sehr in die Tiefen der menschlichen Psyche führt.

Seit nunmehr 18 Jahren befasse ich mich mit unterschiedlichsten Interventionen mit Tieren, Pflanzen und der Natur im Allgemeinen, einem Wissenschaftsbereich, der als Green Care bezeichnet wird (mehr dazu unter www.greencare.at). Hunde haben mich dabei von Anfang an begleitet – schon meine Master- und Doktorthese habe ich über tiergestützte Interventionen mit Hunden verfasst.
Dennoch kann ich auf eine auf den ersten Blick so einfach anmutende Frage wie „Warum ist der Hund für uns Menschen wichtig?" keine prägnante Antwort geben. Warum nur?

Sinnend sitze ich vor meinem Laptop, die Finger ruhen auf den Tasten und ich versuche, meine Gedanken in Worte zu fassen. Wahrscheinlich liegt die Ursache für mein Zaudern darin, dass der Hund uns Menschen schon seit so langer Zeit nicht nur begleitet, sondern tatsächlich ein Teil unseres Lebens geworden ist. Zwar haben heutzutage nicht alle Menschen einen Hund, es gibt auch eine nicht zu verneinende Zahl jener, die sie aus welchen Gründen auch immer nicht mögen oder sich vor ihnen fürchten. Dennoch haben es Hunde geschafft, über die Jahrtausende hinweg unsere engsten tierischen Begleiter zu werden und zu bleiben. Die Fédération Cynologique Internationale kennt mehrere Hundert anerkannte Rassen – Zahl steigend –, die sich in Aussehen, Größe, Funktion und dementsprechend auch ihrem Verhalten häufig tiefgreifend voneinander unterscheiden. Von keiner anderen Tierart hat der Mensch in wenigen hundert Jahren so vielfältige Rassen hervorgebracht wie beim Hund.

An dieser Stelle sollte man das „Warum?" platzieren, um auf die obigen Fragen eine Antwort zu bekommen: Der Hund ist ein enorm flexibles Wesen und dadurch in der Lage, ein sehr breites Spektrum menschlicher Wünsche und Bedürfnisse zu erfüllen. Dies gilt oftmals nicht nur für die jeweiligen Rassen, sondern jedes einzelne individuelle Tier. Hunde sind (vielfältige) Arbeitstiere, Hilfe-Leister, Motivator, Unterhaltungsprogramm, Freizeitbeschäftigung, Familienmitglied oder -ersatz – kurzum, der vielzitierte „beste Freund des Menschen".

In einer Welt, in der der persönliche Kontakt, die direkte Kommunikation, die unvoreingenommene Hilfe und der zwischenmenschliche Zusammenhalt rapide abnehmen und sich der immer schneller gelebte Alltag nur noch um soziale Medien, die neuesten Gadgets und die hippsten Aktivitäten zu drehen scheint, kann man sich gar nicht genug auf dieses Potenzial berufen, welches Hunde uns Menschen bereitzustellen in der Lage sind.

Bücher wie dieses erinnern uns daran, wer wir als Menschen eigentlich sind, woher wir kommen und worauf es im Leben wirklich ankommt.
Hunde helfen uns dabei.

Dorit Haubenhofer, Wien 2021
Chef-Redaktion Zeitschrift GREEN CARE und Dozentin,
Hochschule für Agrar- u. Umweltpädagogik, A-1130 Wien
Lektorin für Sozialbiologische Aspekte der Tier-Mensch Interaktion, Universität Wien

DANKE

Danke

Normalerweise kommen die Dankesworte am Schluss, nicht wahr? Ich möchte Ihnen aber jetzt schon herzlich danken, dass Sie einem Tierschutzhund eine neue Chance auf ein liebevolles Zuhause als Familienmitglied geben möchten oder schon gegeben haben! Es ist eine großherzige Entscheidung, einem Tier die Möglichkeit auf ein artgerechtes und glückliches Leben zu bieten.

Das Einpferchen von Hunden auf engstem Raum mit unzureichender Versorgung in Tötungslagern, die gezielte Euthanasie von unschuldigen Straßenhunden häufig verbunden mit vorhergehenden Misshandlungen, Animal-Hoarding-Situationen, Abschiebung von sogenannten „Listenhunden" oder ausgedienten Arbeitshunden ins Tierheim, das Vergessen von Langzeitsitzern in unseren Tierheimen – die Zahl der vergessenen, ungewollten und gefährdeten Hunde im In- und Ausland, die in unterschiedlichen Settings zum Teil schwer traumatisiert wurden und werden, das Vertrauen verloren haben und in ihrer Angst gefangen sind, steigt stetig. Es gibt jedoch auch viele Menschen (wie Sie!), die genau diesen Tieren eine zweite Chance geben möchten – ein neues Leben.
Doch wie? Was kommt auf einen zu? Wie bereitet man sich gut vor? Was kann man erwarten? Kann man überhaupt etwas erwarten? Womit muss man rechnen? Wie baut man Vertrauen auf?

Sind Sie bereit für dieses Abenteuer?

Unerfahrenheit und Unwissen können diesen Tieren, ihren neuen Haltern und anderen Menschen schaden. Die wohlgemeinte Übernahme und die zweite Lebenschance münden dann in einem Desaster und großer Enttäuschung. Innerhalb kürzester Zeit müssen dann Pflegestellen gefunden werden oder das Tier landet wieder im Tierheim – mit einer weiteren schlechten Erfahrung für alle Beteiligten. Manchmal werden diese Tiere dann zusätzlich stigmatisiert, indem ihnen zum Teil gar nicht selbst verursachte Schandtaten angedichtet werden, nur damit der zwischenzeitliche Halter Argumente dafür hat, das Tier wieder abzugeben.

Ich möchte Ihnen mit diesem Ratgeber dabei helfen, sich auf das neue Familienmitglied vorzubereiten, ein glückliches und sicheres Miteinander zu erreichen sowie Wege aufzeigen, wie Sie ein verantwortungsvolles und liebevolles Umfeld schaffen können.
Sie haben sich entschieden, die Herausforderung anzunehmen, für ein Lebewesen zu sorgen, von dem Sie möglicherweise nicht wissen, was es bis jetzt erlebt hat, was ihm Spaß macht, was es besonders gut kann oder wo es noch Verbesserungspotenzial hat. Jeder Hund ist anders, genauso wie jeder Hundehalter. Ich werde Ihnen Tipps und Checklisten an die Hand geben, die Ihnen die erste Zeit erleichtern sollen. Sie erhalten wichtige Informationen zu Eingewöhnung

und Trainingsaufbau. Als Besonderheit stelle ich Ihnen Möglichkeiten vor, die sich in meiner Praxis bewährt haben, um das Wohlbefinden Ihres Tieres zu fördern und damit auch die innere Balance zu stärken. Dies ist auch als wesentlicher Beitrag zum Vertrauensaufbau sowie der Gesunderhaltung zu sehen.

Um Missverständnissen vorzubeugen: Nicht jeder Hund aus dem Tierschutz ist ängstlich, unsicher oder traumatisiert! Die Grundprinzipien des verständnis- und respektvollen Zusammenlebens bleiben jedoch gleich und ich kann daher jedem (zukünftigen) Halter eines Tierschutzhundes meine Zeilen ans Herz legen. Wenn der Hund aufgeschlossen ist, keine schlechten Erfahrungen gemacht hat, sich schnell an Sie bindet und keine Probleme mit dem Lebensumfeld hat, können Sie den einen oder anderen Abschnitt gern überspringen.

Ein kleiner Hinweis noch vorweg: Sollte Ihr Hund Verhaltensprobleme aufweisen, sollten Sie keine Erfahrung mit unsicheren Hunden haben, aber einen solchen adoptieren bzw. sollten Sie einfach in einer Situation feststecken, die Sie momentan nicht selbst lösen können, holen Sie sich bitte professionelle Hilfe in Form eines erfahrenen kompetenten Trainers, der körpersprachlich, ganzheitlich orientiert und positiv arbeitet.
Dieser Ratgeber kann Ihnen Verständnis für die Situation Ihres Hundes vermitteln, die richtigen Maßnahmen, Rahmenbedingungen und Vorbereitungen erläutern, Trainingstipps geben usw., aber er kann nicht die persönliche und individuelle Betreuung Ihres Tieres sowie das Erkennen von sowohl eingefahrenen Mustern als auch des dahinter steckenden Potenzials ersetzen.

Damit Sie sich nicht fragen müssen, wie ich überhaupt dazu komme, dieses Buch zu verfassen: In meiner langjährigen Tätigkeit als Balancecoach für Mensch-Tier-Teams und Tierkinesiologin, meiner Zeit im aktiven Tierschutz, meinen Praktika während des Zoologie-Studiums, unter anderem in einem Tierheim, habe ich vieles miterlebt und -ansehen müssen und nicht zuletzt darf ich auf ein tiefes eigenes Erleben mit meinen rumänischen Streunern zurückgreifen. Viele Dinge kann man erst abschätzen, wenn man sie hautnah erfahren hat – und sicherlich auch selbst Fehler gemacht hat. Ich möchte Ihnen diese Erfahrung gern weitergeben.

Da jeder Hund von Ihnen eine klare Kommunikation und eine klare Vision erwartet, erlaube ich mir, ebenso klar mit Ihnen zu kommunizieren. Meine Zeilen haben niemals die Intention abzuschrecken, aber es ist wichtig, den Unterschied zwischen einer rein emotionalen Entscheidung und einer Entscheidung, die im Einklang zwischen Emotion und Vernunft getroffen wird, zu erkennen und danach zu handeln. Emotion ist wichtig und sollte hinter allem stehen, das wir tun. Ohne Leidenschaft finden wir nicht die Kraft, schwierige Situationen zu meistern, uns einzusetzen, zu engagieren und zu kämpfen. Nur hilft uns die größte Leidenschaft nicht, wenn wir vor (vielleicht im Moment) organisatorisch nicht lösbaren Problemen stehen – oder wenn wir uns mit unseren eigenen Erwartungen und unseren alten, eingefahrenen Mustern selbst im Weg stehen. Es ist mir eine Ehre, Sie auf diesem Weg begleiten zu dürfen – für Ihr Wohlbefinden und das Ihres Hundes.

Für die Antwort auf die Frage, nach welcher Methode ich denn arbeite, habe ich einige Zeit hin und her überlegt, denn es gibt nicht immer nur den einen, einzigen, **den** richtigen Weg. Es gibt Grundprinzipien, die einzuhalten sind. Darunter fällt z.B. Gewaltfreiheit sowie das Eingehen auf die (momentanen) Möglichkeiten von Mensch und Tier. Danach eröffnet sich ein großes Feld an Möglichkeiten, Trainingsplänen und Entwicklungen.

Die für mich sicherlich nachhaltigste Prägung hat meine Ausbildung zum Tellington TTouch® Hundetrainer hinterlassen. Linda Tellington-Jones hat mit ihrer TTEAM®-Philosophie definitiv einen Grundstein für eine Bewusstseinsänderung in der Kooperation mit unseren Tieren gelegt. Die Sanftheit, die absichtslose Achtsamkeit, der respektvolle Umgang mit jedem Lebewesen, die klare Kommunikation, der Fokus auf innere und äußere Balance und die damit einhergehenden Veränderungen von alten Mustern sowie das Aufzeigen alternativer Verhaltensantworten macht diese Arbeit so wertvoll und ist für mich ein Teil meines Lebens geworden.

Zusätzlich ist es mir wichtig, immer individuelle Lösungen zu finden, da jede Lebensgeschichte einzigartig ist. Dadurch lerne ich selbst ständig dazu und beschäftige mich immer wieder mit neuen Ansätzen für ein besseres Miteinander mit unseren Tieren. In meine Arbeit beziehe ich Energieflussprinzipien aus der Traditionell Chinesischen Medizin (Stichworte Lebensenergie „Chi", Meridiane) ebenso ein wie klassische wissenschaftliche Studienergebnisse (z.B. zum Thema biochemisches Stressgeschehen). Als internationale Betriebswirtin bringe ich außerdem Know-how im Bereich Projektmanagement und Planung ein – und welches größere Projekt gibt es, als ein neues Familienmitglied willkommen zu heißen?

Bei der Verfassung dieses Buches habe ich ganz bewusst auf die Darstellung wissenschaftlicher Studien und Ergebnisse verzichtet. Vielmehr möchte ich erreichen, dass Sie meine Erfahrung und das Know-how selbst spüren, nachvollziehen und praktisch anwenden können!
Wenn vielleicht auch nicht jedes kleinste Detail dieses Buches in Ihrem Gedächtnis haften bleibt, so möchte ich doch ein Plädoyer für die Übernahme von Eigenverantwortung halten! Übernehmen Sie Verantwortung für sich selbst und das Ihnen anvertraute Tier! Dazu gehört, so viele Informationen wie möglich einzuholen, um auf dieser Basis Entscheidungen treffen zu können; um zu verstehen, was es bedeutet, einen Hund artgerecht zu halten; um zu verstehen, was es bedeutet, gewaltfrei zu kommunizieren; um zu verstehen, warum das so wichtig ist. Übernehmen Sie Verantwortung, indem Sie selbst lernen, Ihren Hund so gut zu beobachten, dass Sie kleinste Veränderungen in Verhalten oder körperlicher Verfassung erkennen können. Überlassen Sie dieses Feld niemand anderem. Es ist **Ihr** Leben und das **Ihres** Hundes!

Ich wünsche Ihnen viel Freude und tolle Erfahrungen mit Ihrem vierbeinigen Familienmitglied!

Sie werden auf den folgenden Seiten übrigens von Ben begleitet. Er freut sich sehr über Ihr Interesse! Da er einfach ein Comic-Hund sein möchte, bittet er darum, ihn nicht als Vorbild für das anatomisch korrekte Anlegen von Geschirren oder Ähnlichem heranzuziehen. Ihm steht ja prinzipiell alles und es zwickt nichts!

Wichtig!

Immer, wenn Sie etwas auf keinen Fall vergessen sollten, zeigt er sich mit einer Lampe.

Ihre Notizen

Wenn Sie ihn mit seinem Bleistift sehen, sollten Sie sich bitte selbst Papier und Bleistift holen, um sich ein paar eigene Gedanken zum jeweiligen Thema zu notieren.

Praktische Übung

Damit Sie das Gelesene im Alltag umsetzen können, greift er regelmäßig zu seinen Hanteln und zeigt Ihnen praktische Übungen.

Überlegungen vor der Adoption eines Tierschutzhundes

Du bist zeitlebens für das verantwortlich, was Du Dir vertraut gemacht hast.

Diesen Worten von Antoine de Saint-Exupéry ist eigentlich nichts mehr hinzuzufügen, oder was meinen Sie? Einem Tier ein Zuhause zu geben bedeutet, Verantwortung für ein Lebewesen zu übernehmen, solange es lebt. Die Mensch-Tier-Beziehung ist etwas ganz Besonderes. Nicht umsonst gibt es mittlerweile sogar eigene Universitätslehrstühle, Wissenschaftler, Studienrichtungen u. v. m., die sich mit diesem Thema intensiv auseinandersetzen.

In diesem Augenblick geht es aber um Sie persönlich und Ihren (zukünftigen) Hund, nicht um die Wissenschaft. Aus welchen Gründen haben Sie sich dafür entschieden, einem herrenlosen Tier ein Zuhause zu geben? Aus Mitleid? Weil Sie ein Foto mit traurigen Augen hinter Gitterstäben gesehen haben? Weil Sie gehört haben, dass diese Tiere besonders dankbar und Mischlinge viel gesünder als Rassehunde seien? Weil Sie sowieso schon 20 Jahre Hundeerfahrung haben und es daher ein Klacks ist, mit einem ängstlichen Hund von der Straße zurechtzukommen?
Ich möchte Sie bitten, sich dieses Kapitel sorgsam und in Ruhe durchzulesen und danach den beigelegten Fragebogen (siehe Anhang) zu beantworten.

Ihre Notizen

In der Zwischenzeit schnappen Sie sich bitte Papier und Bleistift und notieren Sie die Punkte, die Sie betreffen bzw. die Sie für sich noch klären müssen.

Geduld

Abhängig von der Verfassung des Tieres benötigen Sie eine mehr oder weniger große Portion Geduld, bis Ihr neues Familienmitglied sich an Ihren Tagesablauf angepasst hat – oder Sie Ihren Tagesablauf an das neue Familienmitglied angepasst haben. Alles ist neu. Der Stresslevel ist von der Zeit im Tierheim oder in der Auffangstation bzw. vom Transport noch hoch – neue Menschen, neue Tiere, neue Umgebung. Geben Sie sich und Ihrem Hund Zeit, erwarten Sie nichts. Wenn Sie vor seiner Ankunft alles gut vorbereitet und organisiert haben, können Sie sich nun ganz in Ruhe Ihrem Tier widmen.
Hund ist nicht gleich Hund. Da bei vielen Hunden die Lebensgeschichte unbekannt ist, wissen Sie nicht, woran er gewöhnt ist (man nennt dies Habituation) oder an wen er gewöhnt ist (Sozialisation). Es gibt Hunde, die mehr Zeit brauchen, um sich mit bestimmten Menschen (Männer, Frauen, Kinder) zu arrangieren. Auch Gegenstände innerhalb (Türstöcke, Parkettboden/Fliesen, Treppen) oder außerhalb (Hydranten, parkende Autos, Straßenlärm, Ampeln) der Wohnung können gewöhnungsbedürftig sein. Außerdem wissen Sie nicht genau, was der Hund schon kann. Seien Sie bitte nicht enttäuscht, wenn er nicht von Anfang an stubenrein ist, auch wenn er kein Welpe mehr ist. Geben Sie ihm die Chance, sich an die neuen Lebensumstände zu gewöhnen und lernen zu können. Schlüssel zum Erfolg ist und bleibt die Geduld. Verfügen Sie über ausreichend Geduld, bis sich Ihr neuer Freund eingewöhnt hat? Das bedeutet: Ärgern Sie sich nicht, wenn Ihr Hund sich nicht in einem bestimmten Zeitrahmen in eine (von Ihnen) gewünschte Richtung hin entwickelt?

Zeit

Gehen Sie davon aus, dass Sie anfangs für vieles länger brauchen könnten als vorher. Die früher routinemäßig abgespulten Gassirunden können zu einem kleinen Abenteuer mutieren. Sie haben einen wichtigen Termin? Planen Sie rechtzeitig voraus! Kann der Hund denn überhaupt schon allein bleiben? Können Sie ihn mitnehmen? Kann er schon stressfrei Auto fahren? Haben Sie genug Zeit, sich ausgiebig mit ihm zu beschäftigen, ihn zu beobachten, kennenzulernen, eine Bindung und Vertrauen aufzubauen? Haben Sie genug Zeit für sein Training? Haben Sie genug Zeit, ihm ausreichend Ruhe zu gewährleisten?
Es gibt Tierheime, die ihre Schützlinge nicht an interessierte Menschen vergeben, wenn diese arbeiten gehen. Ich frage mich da, wieso es einem Tierheim lieber ist, wenn der Hund zu jemandem kommt, der nicht arbeitet und dafür vielleicht für Tierarzt, Trainer, artgerechtes Futter usw. nicht aufkommen kann? Meiner Meinung nach geht es hier um die Organisation. Wenn die individuellen (!) Grundbedürfnisse des jeweiligen Hundes erfüllt sind, spricht nichts dagegen, wenn Sie arbeiten gehen. In so einem Fall ist es wichtig, sich vor der Entscheidung, einen Hund zu adoptieren, Gedanken über ausreichend Beschäftigung, Bewegung, Hundesitter, Freilauf und dergleichen zu machen. Vielleicht bietet Ihnen Ihr Arbeitgeber sogar die Möglichkeit, den Hund mitzubringen?

Wohnraum

Das Thema Wohnen ist vieldiskutiert. Auch hier gibt es die landläufige Meinung, dass Hundehaltung ohne Garten generell schlecht sei. Dem kann ich mich so pauschal nicht anschließen. Sie wissen schon, was jetzt kommt? Genau! Es ist alles eine Frage der Organisation! Hunde haben ein großes Ruhebedürfnis und passen sich sehr stark unserem Lebensrhythmus an. Wenn Sie Ihrem Hund ausreichend Auslauf bieten (auch Freilauf!), Möglichkeiten, ausgiebig zu schnüffeln, ihn gleichmäßig gut bewegen (z.B. durch Radfahren), ihn geistig auslasten, dann können Sie auch einen glücklichen Wohnungshund haben. Falls Sie zur Miete wohnen, erkundigen Sie sich im Vorfeld, ob Hundehaltung in Ihrer Wohnung oder Ihrem Haus überhaupt erlaubt ist! Was passiert beispielsweise, wenn Sie krank werden? Gibt es jemanden, der Ihren Hund dann regelmäßig aus der Wohnung abholt und rausbringt? Vergessen Sie z.B. auch nicht, dass Hunde mit viel Unterwolle in einer Wohnung mit Fußbodenheizung Schwierigkeiten haben, sich zu akklimatisieren, wenn Sie nicht die Möglichkeit haben, kühl zu liegen (z.B. auf unbeheiztem Fliesenboden).

Ausdrücklich möchte ich jedenfalls darauf hinweisen, dass es einen Unterschied macht, ob Sie in der Stadt oder auf dem Land wohnen. Viele ehemalige Straßenhunde sind mit der Lebenssituation in einer Stadt völlig überfordert. Es kommt zu einer kompletten Reizüberflutung, die den Stresslevel der Tiere massiv hebt. Für viele ist es anfangs unmöglich, ihr Geschäft auf dem Asphalt zu verrichten. Überlegen Sie es sich gut, ob Sie den Bedürfnissen eines Hundes in einer Wohnung in der Stadt tatsächlich gerecht werden können. Sind Sie immer in der Lage, irgendwohin ins Grüne zu fahren, damit er sich ausgiebig erholen kann? Wo ist die nächste Freilaufzone? Sind Sie gewillt, diese bei jedem Wetter aufzusuchen? Weiterhin würde ich ausdrücklich davon abraten, einen Angsthund in Wohnungshaltung zu übernehmen. Es fehlen hier die Gegebenheiten, den Hund vorsichtig an äußere Einflüsse zu gewöhnen.

Bezüglich Wohnraum gibt es noch einen weiteren wichtigen Punkt: Hat Ihr Hund die Möglichkeit sich zurückzuziehen? Können Sie ihm einen eigenen geschützten Platz einrichten? Wenn Sie einem ängstlichen Tierschutzhund ein Zuhause geben möchten, müssen Sie auch Hindernisse wie Treppen und Aufzüge in Ihre Überlegungen für die Eingewöhnung einbeziehen. Wenn Ihr Hund nur 3 kg wiegt, stellt dies weniger ein Problem dar, als wenn er 20 kg auf die Waage bringt und Sie ihn in den ersten Tagen oder Wochen jedes Mal hinaustragen müssen, damit er sein Geschäft verrichten kann, weil er sich vor den Treppen schon von Weitem fürchtet.

Lebensumfeld und Energie

Sind Babys oder kleine Kinder im Haus? Haben Sie Angehörige zu pflegen? Machen Sie gerade eine Ausbildung oder Umschulung? Haben Sie vor, den Job zu wechseln oder gar umzuziehen? Kriselt es in Ihrer Partnerschaft? Wenn Sie eine oder mehrere dieser Fragen mit „Ja" beantworten, bitte ich Sie, sich den möglichen Tagesablauf und die Konsequenzen aus genannten Veränderungen nochmals genau zu überlegen! Haben Sie jemanden, der Ihnen bei der Versorgung des Hundes verlässlich helfen kann? Alles kein Problem? Großartig! Sind Sie sicher, dass sich Ihr zukünftiger Hund von Ihrer Vertrauensperson, die nicht im Haushalt lebt, auch tatsächlich Gassi führen oder füttern lässt? Zumindest anfangs? Ich nicht!

Trauen Sie sich die Mehrarbeit zu, die nicht nur durch einen „einfachen" Hund anfällt, sondern auch durch einen Hund, der möglicherweise eine speziellere Betreuung braucht (sei es gesundheitlich oder verhaltensbezogen)?
Was machen Sie z.B. nach einem Spaziergang im Regen, wenn das Baby aus dem Overall raus muss und gleichzeitig der tropfnasse Hund wartet, der sich noch nicht an das Abputzen der Pfoten gewöhnt hat? Sie haben einen schönen Teppichboden im Vorzimmer? Man muss tatsächlich nicht auf den Mond fliegen oder eine Expedition unternehmen, um große Herausforderungen vor sich zu haben ...
Wenn Sie sich als Paar einen Hund nehmen: Wer ist letztendlich verantwortlich? Das heißt, bei wem bleibt der Hund, falls es zu einer Trennung kommt? Ist das Zeitmanagement dann möglich? Immer wieder stehen vierbeinige Scheidungshunde plötzlich auf der Straße. Keiner fühlt sich mehr zuständig oder man hat einfach keine Zeit mehr, weil jeder einer Vollzeitarbeit nachgeht. Machen Sie sich bitte schon im Vorfeld Gedanken darüber, wo im Falle des (hoffentlich nicht eintretenden) Falles Ihr Hund bleiben darf!

Kraft und Gesundheit

Bei der Auswahl Ihres Tierschutzhundes müssen Sie ganz klar auch Ihre eigenen körperlichen Grenzen berücksichtigen! Ob ich pingelig bin? Natürlich! Immerhin geht es hier um ein Lebewesen! Nein, eigentlich um ganze Familien!
Ich spreche jedoch nicht nur als Oberlehrerin, sondern möchte Sie an meiner eigenen Erfahrung teilhaben und hineinspüren lassen. Können Sie sich vorstellen, wie es sich anfühlt, wenn Sie wochenlang mehrmals täglich 20 kg aus dem Wohnzimmer über Treppen ins Freie tragen müssen, damit sich diese 20 kg erleichtern können, und zurück? Wenn Sie stundenlang am Boden sitzen oder liegen? Wenn der als umgänglich und leichtführig vermittelte Hund sich als ziehende Tonne entpuppt, die so in die Schleppleine rennt, dass es Ihnen die Beine unterm Hintern wegzieht und Sie auf dem Allerwertesten sitzen? Im Gatsch? (Das ist österreichisch für Matsch.)

Bei unsicheren Hunden kommt noch die Möglichkeit von unvorhergesehenen Reaktionen wie plötzliches Zur-Seite-Springen, Panikattacken usw. hinzu. Können Sie adäquat reagieren und je nach Gewicht des Hundes auch ordentlich die Leine behalten?

**Nicht vergessen – notieren Sie sich alles,
was Sie für die Auswahl IHRES Hundes berücksichtigen müssen
und mit Tierheim oder Tierschutzverein besprechen!
Ich zähle auf Sie!**

Ein gewisses Limit der Beanspruchung können Sie mit der Hundegröße und dem Alter des Tieres beeinflussen bzw. mit der Rasse oder vermutlichen Rassenmischung.

Der Zweithund

Lebt in Ihrem Haushalt bereits ein Hund? Er kann ein wunderbarer Partner für Ihren Tierschutzhund sein! Souveräne Ersthunde können eine wertvolle Stütze für unsichere neue Familienmitglieder sein. Unterschätzen Sie jedoch nicht die möglichen Auswirkungen, welche die Integration eines zusätzlichen Hundes auf das Familienleben haben kann. Es gilt hier nicht der oft gehörte Ausspruch: Ob einer oder zwei, das macht jetzt auch keinen Unterschied. Abgesehen vom Platz im Kofferraum, dem Gassigehen mit zwei Hunden, der Suche nach einem passenden Urlaubsdomizil usw. kann sich mit zwei Hunden bereits eine gewisse Rudeldynamik entwickeln. Wenn Ihr Ersthund bis jetzt Ihre alleinige Aufmerksamkeit hatte, kann es vorkommen, dass er auf den Zweithund mit Eifersucht reagiert! Auch wenn dies für viele ein allzu menschliches Attribut ist – ich bleibe dabei. Auch Tiere können eifersüchtig reagieren, wenn sie die gewohnte Aufmerksamkeit nun teilen müssen.
Es kann jedoch auch ganz das Gegenteil der Fall sein und der Zweithund ist genau das, was Ihrem Ersthund noch zum vollkommenen Glück gefehlt hat! Wie immer in diesem Buch möchte ich Ihnen alle Möglichkeiten vor Augen führen, damit Sie bei der Integration Ihres Tierschutzhundes keine Erwartungen hegen und dann enttäuscht sind, wenn etwas nicht so funktioniert, wie Sie es sich vorgestellt haben.

Es macht einen Unterschied, ob Sie mit einem Hund oder mit zwei Hunden zusammenleben, denn es treffen unterschiedliche Charaktere zusammen mit unterschiedlichen Bedürfnissen, verschiedener Herkunft und Historie sowie meistens Rassezusammensetzung. Nur wenn Sie es schaffen, die individuellen Bedürfnisse jedes Hundes zu erfüllen, und gleichzeitig ein klares Bild des Rudels in Ihrem Kopf haben sowie Ihre Führungsaufgabe und Verantwortung übernehmen, gelingt Ihnen ein zufriedenes und harmonisches Zusammenleben.

Exkurs Trainer, Tierarzt, Therapeut

Falls Sie noch nicht von einem kompetenten und verständnisvollen Tierarzt betreut werden und Erfahrung mit Hundetrainern haben, die ausschließlich positiv arbeiten, erkundigen Sie sich bitte im Vorfeld nach möglichen Kandidaten. Meiden Sie diesbezüglich einschlägige Internetforen. Das „wohlgemeinte (?)" Expertentum von anderen Hundebesitzern, Auskennern, Alleskönnern und Alleswissern kann die nötige genaue Beobachtung sowie Achtsamkeit Ihrem Tier gegenüber nicht ersetzen! Sie müssen Ihr Tier am besten kennenlernen – und für es sprechen. Sachliche Informationen, Wissensaneignung sowie das bewusste Annehmen und Betrachten Ihres Hundes bilden die Grundlage für richtige Entscheidungen! Wenn Sie einen Hund aus dem Ausland adoptieren, suchen Sie sich bitte einen Tierarzt, der Auslandshunden verständnisvoll gegenübersteht und z.B. nicht gleich die Komplettimpfung wiederholt, weil er dem Impfpass des Hundes keinen Glauben schenkt, nur weil der Stempel eines ausländischen Tierarztes vermerkt ist. Deswegen ist es wichtig, die Adoption mithilfe einer seriösen Organisation durchzuführen, die mit verantwortungsbewussten Tierärzten vor Ort zusammenarbeitet. Details finden Sie auch im Kapitel „Der Weg zur Adoption".

Merken Sie sich bitte eines: Sie können **jederzeit** die Praxis wechseln! Wenn Sie das Gefühl im Bauch und im Nacken spüren, dass irgendetwas nicht stimmig ist, wenn Sie sich nicht wohlfühlen, wenn Sie sofort spüren, dass Ihr Hund sich nicht wohlfühlt: Unterbrechen Sie die jeweilige Aktion und gehen Sie. Es gibt immer eine andere Möglichkeit, um ans Ziel zu kommen! Eine, die für Sie und Ihr Tier passt! Scheuen Sie sich nicht davor, „Nein" zu sagen! Das ist völlig legitim und in Ordnung – nein, es ist sogar Ihre Pflicht, weil es in Ihrem Entscheidungsbereich liegt, wem Sie sich und Ihr Tier anvertrauen. Ja, für die meisten ist das ein Lernprozess – denn wer ist denn schon so aufgewachsen, dass er einem Arzt oder Tierarzt sagt: Nein, danke, mit dieser Art und Weise bin ich nicht zufrieden und fühle mich nicht wohl, ich suche mir jemand anderen. Aber es ist völlig okay!

Die Behandlung ist eine Dienstleistung, für die Sie bezahlen! Somit suchen Sie sich bitte jemanden, dem Sie vertrauen und bei dem Sie merken, dass er sich für Sie und Ihr Tier wirklich interessiert. Respekt und Vertrauen muss man sich erst verdienen – Sie bei Ihrem Hund, ein Trainer, Therapeut usw. bei Ihnen. Ein Zertifikat oder ein Titel sind nur der Nachweis gewisser erlernter Fähigkeiten, nicht jedoch dafür, dass Sie sich wirklich in guten Händen befinden. Ein guter Therapeut, Trainer, Tierarzt wird sich Zeit für Ihre Fragen nehmen und sie gewissenhaft beantworten. Er wird Ihnen zuhören und sich für Ihre Beobachtungen interessieren. Das bedeutet aber auch, dass Sie selbst sich für das Befinden und Verhalten Ihres Tieres interessieren, dass Sie lernen, es wertfrei zu beobachten und Veränderungen schnell zu registrieren. Das ist es, was man unter dem oft zitierten Begriff „Eigenverantwortung" versteht.

Nur wer Fragen stellt und sich informiert, kann sich im Endeffekt eine Meinung bilden, Entscheidungen treffen und unabhängig von der Meinung anderer sein.

Bitte stellen Sie Fragen!

Denn meine Zeilen hier sind alles andere als ein Freibrief für das Negieren von Tatsachen und nötigen Maßnahmen, indem man einfach den Ansprechpartner wechselt! Es geht nicht darum, dass Ihnen nach dem Mund geredet wird, dass Ihnen das gesagt wird, was Sie hören wollen; es geht nicht darum, unangenehmen Dingen aus dem Weg zu gehen, vielleicht gewisse Tatsachen nicht hören zu wollen oder sich mit Situationen, Prozessen und Entwicklungen nicht auseinandersetzen zu wollen. Es geht einzig und allein darum, dass Sie auf Ihre Fragen Antworten bekommen. Für Sie verständliche und akzeptable Antworten! Und darum, dass man mit Ihnen und Ihrem Tier Lösungen erarbeitet, Wege aufzeigt, um etwas (Gesundheit oder Verhalten) zu verbessern.

Den Hund verstehen

Damit Sie wissen, worauf Sie bei Ihrem Hund speziell achten können, wie Hunde kommunizieren, sich ausdrücken, sowie zur Schulung Ihrer Wahrnehmung empfehle ich Ihnen nachdrücklich, sich mit dem Ausdrucksverhalten von Hunden zu beschäftigen. Es ist wichtig, dass Sie zwischen entspannter Kommunikation und Stresssignalen unterscheiden lernen. Ihr Hund spricht mit Ihnen, ständig. Er zeigt Ihnen, wie es ihm geht, was er braucht, wann für ihn Grenzen überschritten werden, wann irgendetwas zu viel ist. Manche Hunde können besser mit Stress umgehen als andere, doch es hilft ihrem Wohlbefinden enorm, wenn Sie als ihre Vertrauensperson, ihr erster Ansprechpartner, sie verstehen, auf sie Rücksicht nehmen und ihnen wiederum selbst zu verstehen geben, dass Sie ihre Befindlichkeiten achten.

Dies ist jedoch nur möglich, wenn Sie sich mit den hündischen Ausdrucksmöglichkeiten auseinandersetzen und wissen, worauf Sie achten müssen. Als Hilfestellung gibt es diverse Fachliteratur zu diesem Thema oder besuchen Sie doch einen der angebotenen Kurse oder Workshops mit dem Schwerpunkt Ausdrucksverhalten. Es hilft sehr, wenn man die Dinge einmal aus einer neutralen Perspektive betrachtet, wenn man lernt, Situationen und Körpersprache objektiv zu beschreiben.

Sie werden sehen, wie sehr der Mensch dazu neigt, alles und jedes zu interpretieren, anstatt bei der Wiedergabe der Fakten zu bleiben. Sie sind ein Mensch, Sie haben andere körperliche Eigenschaften, trotzdem ist es möglich, bewusst und höflich mit Ihrem Tier umzugehen und damit keine Grenzen zu überschreiten, was nachhaltig negativen Effekt auf sein Verhalten haben könnte.

Sind Sie jetzt immer noch fest entschlossen, einem Tierschutzhund ein Zuhause zu geben? Habe ich Sie noch nicht abgeschreckt? Prima. Genau das wollte ich hören! Dann können wir uns jetzt an die Arbeit machen. Ich freue mich! Wir werden uns die genannten Hürden ansehen und ich werde Sie so gut wie möglich in der Vorbereitung und Eingewöhnung unterstützen, damit das Zusammenleben mit Ihrem Tierschutzhund nicht nur gelingt, sondern auch erfüllend und freudig wird!

Der Weg zur Adoption

Am einfachsten ist der Besuch des örtlichen Tierheims. Diese Vorgehensweise hat mehrere Vorteile: Zum einen können Sie die Hunde vor Ort ansehen, kennenlernen und ein paar Mal mit ihnen spazieren gehen, um zu sehen, ob die Chemie stimmt. Außerdem können Ihnen die Pfleger (und ich meine hier wirklich die Pfleger des jeweiligen Hundes, nicht nur die Hundetrainer des Tierheims!), Paten und betreuende Trainer bereits einiges über den Charakter des Hundes erzählen. Manchmal ist auch (zumindest ein Teil) der Vorgeschichte der aufgenommenen Hunde bekannt. Manche Tierheime treffen für Sie auch schon eine Vorauswahl an Kandidaten, wenn Sie Ihre Vorstellungen bekanntgeben.

Eine weitere Möglichkeit, um den Hund vorab persönlich kennenzulernen, ist der Besuch von Pflegestellen. Manchmal werden Hunde von Tierschutzvereinen zuerst auf Pflegeplätze gebracht, um sie an das Leben in und mit einer Familie zu gewöhnen bzw. ihnen etwas beizubringen, um ihre Vermittlungschancen zu erhöhen. Oder der Hund hat sein Zuhause verloren und wurde von jemandem in Pflege genommen, bevor er in ein Tierheim abgeschoben wird.

Sie können Ihren Traumhund jedoch auch im Ausland finden. Das Leid von Straßenhunden ist europaweit unermesslich. Es gibt sehr viele europäische Staaten, die ein Straßenhundeproblem haben – und unterschiedlich damit umgehen. Tötungsgesetze und -stationen sind an der Tagesordnung. In diesen Ländern engagieren sich viele, viele Tierschützer, um die Qualen für die Tiere zu erleichtern, um den Hunger zu stillen, um Krankheiten zu bekämpfen, um das Problem der Überpopulation durch Kastrationsprojekte nachhaltig in den Griff zu bekommen. Überfüllte Tierheime mit zum Teil Hunderten und Tausenden frierenden und hungernden Tieren sind keine Seltenheit. Unter der Schirmherrschaft eines seriösen Vereins können Sie hier ebenfalls einem Tier die Chance auf ein artgerechtes Leben geben.

Straßenhund ist aber nicht gleich Straßenhund. Manche sind schon auf der Straße geboren, andere hatten vorher ein (sogar schönes) Zuhause und haben sich dann plötzlich im Straßengraben oder im nächstbesten öffentlichen Tierheim mit Tötungsambitionen wiedergefunden. Wenn Sie Ihren Hund von einem ausländischen Tierheim übernehmen, das von einem Tierschutzverein geführt wird, haben Sie gute Chancen, ein wenig mehr über den Hund zu erfahren, da dieses meist im kleineren Rahmen betrieben wird und daher mehr persönliche Betreuung gewährleistet ist. Hunde aus öffentlichen Tierheimen können von den dort tätigen freiwilligen Tierschützern der betreuenden Tierschutzorganisation eingeschätzt werden, manchmal ist auch die Geschichte bekannt, wie der Hund in das Tierheim gekommen ist.

Sie haben es jedoch trotzdem mit einem kleinen Überraschungs-Ei zu tun. Solange Sie Ihre Erwartungen kontrollieren können und alle im ersten Kapitel aufgeführten Voraussetzungen erfüllen, können Sie ein wundervolles Tier adoptieren. Achten Sie jedoch darauf, dass die Vermittlung über eine seriöse Tierschutzorganisation durchgeführt wird. Ich habe selbst drei Straßenhunde aus Rumänien übernommen, ohne sie vorher persönlich kennengelernt zu haben, und möchte keinen einzigen missen.

Hier nochmals die wichtigsten Punkte zusammengefasst:

1. Überlegen Sie sich, welchem Typ Hund Sie ein Zuhause geben können. Eckpunkte sind hier:

- Geschlecht
- Alter
- Größe und Gewicht
- Verträglichkeit gegenüber anderen Hunden bzw. Haustieren (z.B. Katzen)
- Erfahrung mit Kindern
- Ausbildungsstand (Leinenführigkeit, Grundkommandos nötig? Oder können und wollen Sie ihm das selbst beibringen?)
- Ist er an die Stadt gewöhnt?
- Kann er im Auto mitfahren?
- Kann er schon eine begrenzte Zeit allein bleiben?

2. Übernehmen Sie einen Hund ausschließlich von einer seriösen Tierschutzorganisation!

Sie erkennen eine solche wie folgt:

- Es handelt sich um einen offiziell im Vereinsregister eingetragenen **Verein** mit Vereinsstatuten oder eine ähnlich offiziell registrierte **Institution**.
- Es wird eine **Vorkontrolle** bei Ihnen durchgeführt, bei der Details zu Ihrer Lebenssituation, Hundeerfahrung usw. abgeklärt werden, um abschätzen zu können, ob der Hund in die passenden Hände kommt.
- Der Hund ist **gechippt, geimpft** und **entwurmt**. Er hat einen **EU-Heimtierausweis**.

Übernehmen Sie keinen Hund, bei dessen Vermittlung die oben genannten Punkte nicht erfüllt werden! Die Vergabe gegen Schutzvertrag und eine Schutzgebühr sollte Ihnen nicht sauer aufstoßen, sondern vielmehr zeigen, dass auch Tierschutzhunde ihren Wert haben und den Menschen, die sie vermitteln, am Herzen liegen! Außerdem wird das Geld nicht für rauschende Feste, sondern für die Versorgung der verbliebenen Hunde, für Transportkosten usw. verwendet.

Impfungen

Zum Thema Impfungen möchte ich kurz ein wenig ausholen. Die Situation ist im Tierschutzbereich, gerade beim Auslandstierschutz, sehr schwierig. Zum einen gibt es eine Überpopulation an Hunden, die das Infektionsrisiko und den damit verbundenen Impfdruck massiv erhöht. In vielen Ländern gehören nach wie vor Erkrankungen wie Parvovirose und Staupe zur Tagesordnung. Die Tollwut ist auf dem europäischen Kontinent ebenfalls noch nicht ausgerottet! Gefahr besteht hier sowohl für das Leben der Hunde als auch der Menschen. Gerade in öffentlichen Tierheimen fehlt es oft am

Allernötigsten wie Futter, Wasser, trockenen Unterkünften usw. Da braucht man gar nicht daran zu denken, dass es Geld für Impfungen geschweige denn eine Datenbank über die Hunde gibt, wo Impfdaten vermerkt werden können. Hunde werden von der Straße eingefangen und in den nächstbesten Zwinger gesperrt, wo gerade Platz ist. Es gibt keine geregelte Datenerfassung. Die Tiere können meistens erst für den Transport vorbereitet, das heißt gechippt, geimpft, entwurmt werden, wenn sie fix vermittelt wurden und es Spenden für den Transport und die Vorbereitungen gibt! In privaten Unterkünften fehlt es ebenfalls zum Großteil an den nötigen finanziellen Mitteln, um auch nur einen einzigen Hund einige Male hintereinander impfen zu lassen.

Das Problem ist also sehr umfassend, aber für einen nachhaltigen Tierschutz essenziell:

- Hohes Infektionsrisiko in Ländern mit einer Überpopulation an Straßenhunden sowie in Tierheimen und Tierasylen
- Hoch ansteckende Krankheiten mit oft tödlichem Verlauf nach wie vor präsent mit einer potenziellen Ansteckungsgefahr für Menschen
- Zu wenig finanzielle Mittel verfügbar für großangelegte Impfaktionen
- Oft wenig Wissen bezüglich einer korrekt durchgeführten Grundimmunisierung mit effizienter Wirkung vorhanden
- Gefahr der Krankheitsübertragung steigt mit grenzüberschreitenden Transporten

Es kann jedoch nur eine hohe Durchimpfungsrate langfristig zu einer Ausrottung diverser Krankheiten führen!

Liebe Tierschutzfreunde, genau deswegen ist es wichtig, Impfaktionen genauso zu unterstützen wie Kastrationsaktionen.

Impfungen kosten wirklich eine Menge Geld, retten jedoch dauerhaft Leben – vor allem, wenn sie richtig durchgeführt werden. Es wird in den meisten Fällen tatsächlich leider nicht möglich sein, jedem Tier in einem Asyl eine korrekte Grundimmunisierung zukommen zu lassen. Da braucht man sich nichts vorzumachen. Mir ist es jedoch wichtig, dass Sie sich mit diesem Thema auseinandersetzen und bei Übernahme Ihres Hundes den Impfstatus mit Ihrem Tierarzt gemeinsam ansehen.
Eine einmalige Impfung kann nicht als Grundimmunisierung gesehen werden (Ausnahme Tollwut, hier müssen die Herstellerangaben beachtet werden). Um einen dauerhaften Impfschutz zu gewährleisten und den Hund nicht zusätzlich durch unnötige Doppelimpfungen zu belasten (z.B. weil zuvor in falschen Intervallen oder mit wilden Kombinationen geimpft wurde – und ja, das habe ich bei meinen Klienten schon sehr oft gesehen – unabhängig von der Herkunft des Hundes!), sollte den **Impfempfehlungen für die Grundimmunisierung** Folge geleistet werden. Von der Ständigen Impfkommission Vet. im Bundesverband praktizierender Tierärzte e. V. gibt es beispielsweise eine Leitlinie zur Impfung von Kleintieren.[1)] Ich gehe hier nicht weiter auf die Komponenten sowie Intervalle ein, da diese immer auf das Umfeld des Tieres, auf länderspezifische

Infektionsrisiken sowie das Alter des Tieres usw. abgestimmt werden müssen. Aber für den Großteil der Wirkstoffe gilt: Eine einmalige Impfung ist keine Grundimmunisierung! Dies betrifft sowohl Welpen als auch ältere Hunde. Ich bitte also Sie, lieber Hundebesitzer, um die Unterstützung von Impfaktionen, genauso wie alle Tierärzte, denen es möglich ist, Impfstoffe bzw. ihre Arbeit Tierschutzorganisationen zur Verfügung zu stellen. Tierheime und Pflegestellen ersuche ich, nach Möglichkeit auf die korrekte Grundimmunisierung ihrer Schützlinge zu achten. Nachhaltiger Tierschutz bedeutet auch Vermeidung von möglicherweise tödlich verlaufenden Krankheiten!

Bitte nur legal

Zum großen Thema der letzten Jahre wurde der **illegale Welpenhandel.** Hunde werden unter unwürdigsten Bedingungen zur Zucht eingesetzt, es sind sogenannte „Tierfabriken" entstanden. Die Muttertiere sind ausschließlich Gebärmaschinen, die Haltung unerträglich, Welpen werden viel zu früh von der Mutter getrennt und unter extrem schlechten sowie gefährlichen Bedingungen quer durch Europa transportiert. Lebensbedrohliche Erkrankungen stehen an der Tagesordnung. Das ist sowohl ein Drama für die betroffenen Tiere als auch für die bestehenden nationalen Tierbestände, die dadurch gefährdet werden. Diesen Machenschaften muss ein Ende gesetzt werden. Um dem illegalen Welpenhandel entgegenzuwirken, gilt in Österreich § 8a Tierschutzgesetz (TSchG)[2)] (siehe Kasten auf der nächsten Seite).
Dieses Gesetz zielt darauf ab, zum einen sogenannte „Kofferraumverkäufe" zu verbieten (1), und zum anderen soll eben Betreibern von Tierfabriken das Handwerk gelegt werden, da es für Züchter bzw. Gewerbebetriebe, welche nach (2) die einzigen sind, die Tiere öffentlich feilbieten dürfen, Auflagen für Haltung der Hunde, Hygiene etc. gibt! Unter (2) fällt auch der Verkauf von Tieren durch Privatpersonen auf diversen Internetplattformen. Dies ist verboten!
In Deutschland kommt hierzu § 11 (1) Nr. 5 des deutschen Tierschutzgesetzes[3)] zur Anwendung. Dieser regelt die Vermittlung von Wirbeltieren, wozu Hunde zählen.

Wer demnach „Wirbeltiere, die nicht Nutztiere sind, zum Zwecke der Abgabe gegen Entgelt oder eine sonstige Gegenleistung in das Inland verbringen oder einführen oder die Abgabe solcher Tiere, die in das Inland verbracht oder eingeführt werden sollen oder worden sind, gegen Entgelt oder eine sonstige Gegenleistung vermitteln [...] will, bedarf der Erlaubnis der zuständigen Behörde".

Auf gut Deutsch heißt das: Es ist nur mit einer behördlichen Genehmigung erlaubt, Hunde nach Deutschland einzuführen, um sie hier zu verkaufen oder gegen irgendeine andere Gegenleistung abzugeben!

Der Onlinehandel ist in Deutschland leider noch nicht ausreichend geregelt. Aktuell gibt es diesbezüglich eine Initiative des Bundesministeriums für Ernährung und Landwirtschaft.[4)]
Die Verantwortung, dass Hunde nicht unter qualvollsten Umständen zur Zucht dienen müssen, liegt bei jedem einzelnen von uns, nicht nur beim Gesetzgeber! Holen Sie Informationen ein! Achten Sie auf die Seriosität der abgebenden Stelle! Eine schöne Zusammenfassung, worauf zu achten ist, erhalten Sie auf der Homepage des deutschen Bundesministeriums für Ernährung und Landwirtschaft.[5)]
Zum Abschluss dieses Kapitels noch ein paar Worte zu Urlaubshunden:
Packen Sie nicht einfach einen Hund aus einem Urlaubsland ins Auto und importieren Sie ihn nicht ohne vorhergehenden Gesundheitscheck, nötige Impfungen sowie Chippen! Sie können damit das Leben vieler anderer Hunde gefährden. Das wäre dann falsch verstandener Tierschutz. Sollten Sie im Urlaub einen Hund finden – oder er Sie –, erkundigen Sie sich vor Ort nach einem Tierarzt, der die notwendigen Gesundheitschecks sowie die Transportvorbereitung durchführen kann. Bringen Sie die rechtlichen Rahmenbedingungen in Erfahrung (z.B. nötiger Tollwutimpfstatus), damit Ihr Hund rechtskonform reisen darf!

Verkaufsverbot von Tieren
§ 8a des österreischischen Tierschutzgesetzes
„(1) Das Feilbieten und das Verkaufen von Tieren auf öffentlich zugänglichen Plätzen, soweit dies nicht im Rahmen einer Veranstaltung gemäß § 28 erfolgt, sowie das Feilbieten von Tieren im Umherziehen sind verboten."
(2) regelt des Weiteren, in welchen Fällen das „öffentliche Feilhalten, Feil- oder Anbieten zum Kauf oder zur Abgabe (Inverkehrbringen) von Tieren" (darunter fallen auch Vermittlungsanzeigen von Tierschutzorganisationen im Internet) gestattet ist!
Dieser Paragraph ist für die Vermittlung von Tierschutzhunden essenziell, weil hier festgehalten wird, wer was wie darf, und betrifft sowohl Tierheime als auch Tierschutzorganisationen, die Pflegestellen im Inland haben bzw. Tiere aus dem Ausland vermitteln möchten! Zukünftige AdoptantInnen sollten über diese Regelung klar Bescheid wissen, denn durch ihr eigenes Verhalten bestimmen sie die Seriosität und Sorgfalt der Tierschutzarbeit, was wiederum wichtig ist, um diese nicht zu gefährden - gerade wenn es um grenzüberschreitende Hilfe geht. Ein Fokus der EU beispielsweise liegt darauf, übertragbare Krankheiten nicht durch unkontrollierte Verbringung von Tieren länderübergreifend zu verschleppen. Das ist plausibel und muss im Rahmen seriöser Tierschutzarbeit berücksichtigt werden. Außerdem ist eine Abgrenzung zum illegalen Welpenhandel nötig und wichtig.

Vorbereitungen

Nun ja, die ersten Vorbereitungen haben Sie schon erledigt, nicht wahr? Sie haben überprüft, ob Sie die Voraussetzungen zur Aufnahme eines Tierschutzhundes erfüllen (sonst hätten Sie nach dem ersten Kapitel bereits zu lesen aufgehört), und Sie haben sich Gedanken zu den Anforderungen gemacht, die Sie an Ihr neues Familienmitglied haben. Nun sind Sie auf der Suche nach Ihrem Tierschutzhund oder erwarten ihn bereits.

Was können Sie nun tun? Bevor Sie ihn endlich zu Hause willkommen heißen können, müssen noch ein paar Dinge bedacht werden. Dieses Kapitel ist mindestens ebenso wichtig wie die vorhergehenden, in denen es um die Voraussetzungen und die Auswahl eines geeigneten Tieres ging. Denn ist Ihr Hund einmal bei Ihnen eingezogen, müssen Sie auch darauf achten, dass er gut gesichert ist und alles so vorbereitet ist, damit er sich in Ruhe einleben kann. Unsere Welt ist von Menschenhand gemacht, also ist es auch unsere Verantwortung, dass denjenigen, die sich in unserer Obhut befinden, nichts passiert.

Sicherheit

Zum besseren Verständnis gleich einmal vorweg: Hier geht es um die Sicherheit aller Beteiligten! Es geht um Ihre Sicherheit, es geht um die Sicherheit Ihres Hundes und es geht um die Sicherheit Ihrer Mitmenschen, Verkehrsteilnehmer usw.

Ihre Notizen

Im Anhang finden Sie wieder die komplette Checkliste zu Ihrer Verwendung.

Haus, Wohnung und Garten

Flucht ist eine Möglichkeit, die ein Hund hat, um einer angstbehafteten Situation zu entgehen. Unterschätzen Sie niemals die Macht des Fluchtinstinktes, der Zäune und sonstige Hindernisse leicht überwinden lässt – und zwar in einem Tempo, mit dem Sie nicht rechnen, wenn Sie noch keinen Hund auf der Flucht beobachtet haben. Ein Meter hohe Zäune sind für Tiere, die in dieser Form reagieren, praktisch nicht vorhanden.

Bevor Ihr Hund ankommt, kontrollieren Sie also bitte den Gartenzaun dahingehend, ob Löcher oder Fluchtmöglichkeiten durch Überspringen oder auch Durchgraben möglich sind. Wenn nötig, könnte vielleicht auch ein Teilbereich des Gartens mit Abgrenzungen hundesicher gemacht werden. Oft kann auch die Montage eines Sichtschutzes hilfreich sein und Stress reduzieren, weil so Umwelteindrücke abgeblockt werden. Etwaige Löcher oder offen gelassene Türen sind jedoch nicht nur für ängstliche Hunde eine willkommene Fluchtmöglichkeit. Gerade ehemalige Straßenhunde dürfen bezüglich ihrer Kreativität sowie Hartnäckigkeit nicht unterschätzt werden. Für sie gilt das Prinzip: Wo ein Wille ist, da ist ein Weg hinaus.

In der Wohnung bzw. im Haus selbst können bei Bedarf z.B. Treppenschutzgitter (ja genau, die für die krabbelnden Babys) oder auch Rosengitter aus dem Baumarkt verwendet werden. Fix montierte Treppenschutzgitter sind stabiler, während ein Rosengitter leicht zu verstellen und flexibel einsetzbar ist. Achtung: Diese Gitter dienen weniger als absolute Sperre, da sie von manchen Tieren leicht übersprungen werden können, sondern vielmehr als Hilfe, Ihrem Hund einen Rahmen zu geben, da sie sozusagen ein kleines Lenkungssystem (wie auf den Parkplätzen großer Einkaufszentren) darstellen.

Es gibt auch Hunde, die schon vom Balkon gesprungen sind und sich dadurch schwer verletzt haben oder sogar gestorben sind. Auch hier ist also anfänglich Vorsicht geboten, sollten Sie Ihren Hund noch nicht gut genug kennen oder mit Unsicherheit rechnen müssen. Eine meiner Hündinnen reagiert auf Schmerzen mit Flucht. Magenkrämpfe haben sie einmal zu dem Versuch veranlasst, vom Balkon des ersten Stocks zu springen. Es ist noch einmal gut ausgegangen.

Auto

Der Transport ist ein sehr, sehr wichtiges Thema. Die richtige Vorbereitung kann Leben retten und Verletzungen verhindern – und das ist keine Übertreibung. Ja, auch mir selbst ist es leider passiert, dass aufgrund damaliger Unerfahrenheit ein Angsthund auf dem Weg in ein Tierasyl aus dem Kofferraum gesprungen ist und nicht mehr eingefangen werden konnte. Ich möchte Ihnen diese Erfahrung ersparen, die Sorgen, die Vorwürfe, die Belastung. Es ist ein hässliches Erlebnis, wenn Hilfe (wenn auch nicht vorsätzlich, so doch selbst verschuldet) eine solche Wendung nimmt.

Es beginnt schon beim Transport in die neue Heimat, wobei Hunde zum Teil ungesichert unterwegs sind. Dann werden sie von fremden Menschen in einer komplett fremden Umgebung übernommen. Der Stress ist groß, die Tiere sind wendig, eine falsche Bewegung und der Hund läuft auf die Straße – und möglicherweise in das nachfolgende Auto. Noch mehr verschreckt und vielleicht auch (schwer) verletzt läuft er dann in Panik in irgendeine Richtung davon. Zu scheu, um Hilfe bei Menschen zu suchen, zu verängstigt, um sich zu melden, wenn ein Mensch in der Nähe

ist, verkriecht sich dieser Hund dann in Gebüschen und im Geäst. Es kann Tage dauern, bis er gefunden wird – wenn überhaupt. Bezugspersonen hat er noch keine – und selbst wenn es eine gibt, können manche Tiere in Panik kilometerweit weglaufen. Solch ein Szenario (welches alles andere als fiktiv ist, sondern sich an realen Geschehnissen orientiert) lässt sich verhindern, wenn man sich an einfache Regeln hält. Bitte berücksichtigen Sie beim Thema Transport auch gleich den nachfolgenden Punkt – die richtige Sicherung des Hundes.

Die wichtigsten Punkte im Überblick

- Unsichere und fremde Hunde müssen in einer Box transportiert werden. Dies gilt auch schon für den ersten Transport zu Ihnen! Erkundigen Sie sich bei der jeweiligen Tierschutzorganisation, wie der Transport gehandhabt wird. Auch hierbei erkennen Sie seriöse Organisationen.
- Egal, ob es sich jetzt um einen neuen Hund, einen ängstlichen oder Ihren Hund handelt, der Sie seit Jahren begleitet: **Es gibt kein unaufgefordertes Herausspringen aus dem Auto!** Vom ersten Tag an muss das Ritual trainiert werden, dass Ihr Hund solange ruhig im Auto wartet, bis SIE das Zeichen zum Aussteigen geben. Am besten ist es, wenn er dabei sitzt, da Sie hier gleich die Selbstbeherrschung trainieren und verbessern – dies ist jedoch erst dann möglich, wenn er das Signal zum Sitzen bereits erlernt hat.

Hund

Sie wundern sich vielleicht über die gewählte Reihenfolge – doch die hat ihren Sinn. Bevor Sie nicht die unter den beiden vorherigen Abschnitten genannten Maßnahmen getroffen haben, bleibt der Hund noch, wo er ist. Nun kommen wir zu den Sicherheitsmaßnahmen, die direkt Ihren Hund betreffen bzw. an ihm vorgenommen werden:

Sobald Sie die **Mikrochip-Nummer** Ihres Hundes wissen (diese ist im Heimtierausweis vermerkt bzw. wird vom Tierarzt mittels Scanner ausgelesen), lassen Sie diese auf der für Ihr Land üblichen **Registrierungsplattform** auf Ihren Namen mit Ihren Kontaktdaten registrieren!

Falls also Ihr Hund einmal weglaufen und dann von jemandem wiedergefunden werden sollte, geht der erste Weg üblicherweise zum Tierarzt oder Tierheim bzw. zur Polizei. Dort wird der Hund auf das Vorhandensein eines Mikrochips überprüft. Die mit einem speziellen Scanner ausgelesene Nummer muss dann aber erst einem Besitzer zugeordnet werden können! Dies erfolgt durch die Eingabe der Chipnummer in den länderüblichen Datenbanken, wo dann Ihre Kontaktdaten erscheinen und Sie direkt angerufen werden können. Deswegen ist es unerlässlich, dass Sie diese Registrierung auf Ihren Namen vornehmen bzw. vornehmen lassen. Sonst haben Tierarzt bzw. Tierheim nur eine Chipnummer und können damit nichts anfangen.

In Österreich ist die Kennzeichnung mittels Microchip und elektronische Registrierung von Hunden mittlerweile in §24a (3) und (4) TSchG[2] geregelt und damit zwingend vorgeschrieben! Die Registrierung hat in der österreichischen Heimtierdatenbank zu erfolgen. Ein „bei einer privaten Datenbank registrierter Hund ist nicht automatisch in der zentralen Heimtierdatenbank registriert! (...) Mit den Datenbanken Animal Data, Petcard und IFTA wurde (...) eine Schnittstelle eingerichtet. Sie müssen lediglich die fehlenden Daten (die Meldung in der Heimtierdatenbank verlangt mehr Daten als die private Meldung) ergänzen, dann wird Ihr Hund automatisch in die Heimtierdatenbank übernommen."[6] Der Eintrag in einer Privatdatenbank ist nicht mehr ausreichend, da in der Heimtierdatenbank darüber hinausgehende Informationen hinterlegt werden müssen! In Deutschland gibt es zurzeit keine bundesweite Kennzeichnungs- und Registrierungspflicht.[7] Um Ihr Tier verantwortungsvoll selbst zu registrieren, um im Vermisstenfall kontaktiert werden zu können, ist das selbstständig bei www.tasso.net und www.findefix.com möglich! Für andere Länder sollte man sich erkundigen, welche nationale Plattform am gängigsten verwendet wird bzw. was die diesbezügliche Gesetzgebung vorsieht. Es sollte jedoch im ureigensten Interesse jeder/s Hundehalters/In sein, das eigene Tier registrieren zu lassen, um im Notfall schnell erreichbar zu sein!

Im Zuge der Registrierung ist es ebenfalls empfehlenswert, vom Tierarzt überprüfen zu lassen, ob die Mikrochipnummer im Heimtierausweis mit der Nummer des im Hund implantierten Chips identisch ist! Es sind bereits Verwechslungen vorgekommen, was Auswirkungen auf die im Heimtierausweis vermerkten Impfungen hat! Es stellt sich dann nämlich die Frage, ob der übernommene Hund die im Heimtierausweis vermerkten Impfungen tatsächlich erhalten hat. Daher bitte der Vollständigkeit und Ordnung halber kontrollieren lassen!
Dies empfehle ich auch Tierschutzorganisationen, die Hunde aus dem Ausland vermitteln.

Bitte bereits vor dem Transport vor Ort die Chipnummer und den zum Hund gehörigen Pass nochmals auf Korrektheit überprüfen!

Besorgen Sie sich ein **Sicherheitsgeschirr** für Ihren Hund. Dieses zeichnet sich durch zwei Bauchgurte aus und hat dadurch den Vorteil, dass Ihr Hund in Panik nicht aus dem Geschirr schlüpfen kann. Aus einem herkömmlichen Brustgeschirr oder Halsband können sich Hunde relativ problemlos im Rückwärtsgang befreien. Eine Doppelsicherung an Halsband und zusätzlich normalem Brustgeschirr ist eine weitere Möglichkeit.

Ich empfehle jedoch die Verwendung eines Sicherheitsgeschirrs, da es mehrere Vorteile hat:

- Verantwortungsvolle Sicherung Ihres Hundes
- Kein Druck auf den Kehlkopf, falls es zu einem Zug an der Leine kommt
- Die Mehrfach-Beriemung gibt Ihrem Hund einen Rahmen, der eine beruhigende Wirkung haben kann. Vielen Hunden gibt die vermehrte Begrenzung Sicherheit.

Zusätzlich zu diesen beiden aufgeführten Maßnahmen macht es Sinn, den **Namen des Hundes und Ihre Telefonnummer von außen sichtbar am Tier anzubringen,** indem man diese z.B. auf das Geschirr aufsticken oder eine Plakette anfertigen lässt. Hunde, die sich üblicherweise in einem Hof oder am Haus frei bewegen dürfen, können auch ein Halsband mit den eingestickten Daten tragen. Mit kleinen Anhängern, die die Kontaktdaten enthalten, habe ich schon öfter schlechte Erfahrungen gemacht – sie können sich möglicherweise von allein aufdrehen oder sogar ganz abfallen.
Solange dann Halsband oder Geschirr am Hund bleiben, kann der Finder Sie sofort direkt kontaktieren und muss nicht erst den Umweg über Tierheim oder Tierarzt nehmen.
Bei sehr scheuen Hunden besteht für die technisch interessierten Hundebesitzer auch die Möglichkeit, einen **GPS-Sender** anzuschaffen. Hier gibt es unterschiedliche Varianten (z.B. Position wird mittels SMS an Ihr Handy übermittelt, bei Verlassen eines von Ihnen bestimmten Radius wird eine Warnmeldung gesendet, Anzeigen der Bewegung des Hundes in Echtzeit auf der Landkarte usw.).
Es macht auch Sinn, eine **Geruchsprobe** Ihres Hundes bei Ihnen zu hinterlegen (z.B. Haare in einem sauberen Glas), um Material für Pettrailer zur Verfügung zu haben. Pettrailer sind Mensch-Hund-Teams, die sich auf die Suche nach vermissten Tieren spezialisiert haben. Diese benötigen eine Geruchsprobe als Referenz.

Mentale Vorbereitung

Mindestens genauso wichtig wie die unter dem Kapitel „Sicherheit" angeführten Maßnahmen ist die innere Einstellung zur Aufnahme eines Hundes aus dem Tierschutz, die mentale Vorbereitung. Ganz plakativ gesprochen: Sie wissen nicht, was Sie sich eingehandelt haben.

Seien Sie auf alles vorbereitet und erwarten Sie nichts.

Machen Sie sich leer – lassen Sie die Erfahrungen mit Ihren früheren Hunden los, vergleichen Sie Ihren Hund nicht mit den vorhergehenden. Entdecken Sie mit ihm gemeinsam sein wahres Potenzial. Lernen Sie ihn in Ruhe kennen. Er ist ein Individuum mit eigenen Erfahrungen, einer eigenen Geschichte, seinen eigenen Geschenken für Sie. Hören Sie ihm zu. Sie können viel von ihm lernen.

Das Unding der Dankbarkeit

Ich möchte hier auch auf das (ich möchte es wirklich so nennen) Unding der Dankbarkeit eingehen. Sie werden die Erfahrung machen, wenn Sie Menschen erzählen, dass Sie einem Hund aus dem Tierschutz ein Zuhause gegeben haben, ist meistens der erste Satz darauf: „Mei, das sind ja die Dankbarsten, nicht wahr?"

Es kann passieren, dass Ihnen Ihr neuer Hund genau den gegenteiligen Eindruck vermittelt! Statt in Ruhe mit Ihnen durch die Felder zu flanieren, sucht er sich lieber den nächsten Komposthaufen mit Essensresten. Statt die von Ihnen ausgelegte Knackwurstspur zur Beschäftigung zu verfolgen, folgt er lieber der originalen Hasenspur. Statt mit dem neuen vierbeinigen Freund zu spielen, macht er sich lieber selbst einmal auf den Weg, das Revier zu erkunden. Ist er dann undankbar? Bedenken Sie bitte, dass Hunde viel mehr in der Gegenwart verwurzelt sind als der Mensch. Sie können erst unter der Anleitung eines verständnisvollen menschlichen Partners lernen, dass es auch Alternativen zu reinen Instinkthandlungen gibt. Wie sehr und wie schnell sich ein Hund an seinen neuen Besitzer bindet, hängt von verschiedenen Faktoren ab. Es gibt Hunde, die von Haus aus selbstständiger sind als andere, da müssen Vorerfahrungen gar keine Rolle spielen. Es gibt Streuner, die jahrelang auf der Straße gelebt und sich allein durchgeschlagen haben. Diese wissen ganz genau, was sie wollen und was nicht, sind zielstrebig, intelligent und hartnäckig. Manchmal grenzt ihr Verhalten an Sturheit. Sie haben gelernt, dass sie mit diesen Eigenschaften auf der Straße am Leben bleiben.

Der Komfort eines eigenen Zuhauses, des täglich servierten Essens, des liebevoll gerichteten Schlafplatzes wird sehr geschätzt, kann jedoch diese tief verwurzelten Verhaltensmuster kaum auslöschen. Vielmehr ist man als Hundebesitzer dann gefordert, sich diese Muster zunutze zu machen, denn in gewisser Weise ist das Verhalten Ihres Hundes dann auch vorherseh- und ein wenig steuerbar. Nehmen Sie es bitte nicht persönlich, wenn Ihnen Ihr Hund nicht ständig „dankbar" zu Ihren Füßen liegt und keinen Schritt mehr ohne Sie machen will und wenn er eigene Ideen hat und an deren Umsetzung arbeitet – ohne Sie! Geben Sie Ihrem Tierschutzhund die Möglichkeit, wieder unbeschwert Tier sein zu dürfen – ohne etwas dafür im Gegenzug von ihm bekommen zu wollen.

Der beste Freund des Menschen?

Kennen Sie die Bilder und Sprüche, die im Internet kursieren und sinngemäß sagen: Wenn Sie jeder im Stich lässt, aber Ihr Hund bleibt immer an Ihrer Seite! Niemand ist so treu wie ein Hund! Sie können sich immer auf einen Hund verlassen!

Tja, ich muss Sie hier leider enttäuschen: Nicht jeder Hund entspricht diesem Bild, das der Mensch gern von ihm zeichnet. Es sind sehr menschliche Attribute, die dem Tier als Bürde auferlegt werden – und wenn diese Erwartungen dann nicht erfüllt werden, ist die Enttäuschung groß, die Motivation gering und die Gefahr da, dass der Hund abgeschoben wird. Das möchte ich gern verhindern.

Ein Hund ist ein eigenständiges Lebewesen, mit eigenem Charakter, eigenen Interessen, eigenen Vorstellungen. Natürlich gibt es viele Hunde, die ihren Besitzer am liebsten keinen Moment aus den Augen lassen würden; die seine Nähe suchen und ihn trösten, wenn es ihm einmal nicht so gut geht; die immer da sind, wenn sie gebraucht werden.

Es gibt jedoch auch Hunde, die das genaue Gegenteil verkörpern: Selbstständigkeit, Freiheitsliebe, Opportunismus. Da liegen Sie eine Woche lang mit hohem Fieber im Bett – und Ihr Vierbeiner kommt Sie nicht einmal besuchen, nicht einmal seine Nasenspitze sehen Sie im Türrahmen. Was für eine Enttäuschung! Das Tier ist gut versorgt, jemand kümmert sich um die Gassirunden, Futter und Streicheleinheiten. Sie sind abgemeldet – so lange, bis Sie wieder auf den Beinen sind und die Grundbedürfnisse Ihres vierbeinigen Freundes wieder selbst erfüllen können.
Dies entspricht so gar nicht dem Bild des besten Freundes des Menschen, das man üblicherweise vorgekaut bekommt. Aber es ist real. Nicht jeder Hund sieht seine Lebensaufgabe darin, seinem Herrli oder Frauli treu ergeben hinterher zu trotten, alles zu akzeptieren und mitzumachen, als Freund, Trostspender, Freizeitpartner und Spaßfaktor zu dienen. Pauschalisierungen sind falsch und gefährlich. Es handelt sich um Individuen und ich hoffe, dass ich Ihnen eine differenziertere Sichtweise auf Ihr zukünftiges WG-Mitglied mitgeben kann.
Grundlage ist und bleibt die Akzeptanz und das Loslassen von Erwartungen. Lassen Sie sich überraschen, welche Geschenke Ihr Tierschutzhund mitbringt! Er hat ganz sicher tolle Eigenschaften – auch wenn nicht alle genau Ihren Vorstellungen entsprechen sollten. Akzeptieren Sie ihn so, wie er ist, und profitieren Sie von dem, was er Ihnen anbietet.

Nomen est Omen

Wenn Sie noch die Möglichkeit haben, der Hund also auf seinen Namen noch nicht hört, geben Sie ihm einen neuen Namen. Jeder Name ist mit einer Bedeutung bzw. Eigenschaft verknüpft. Schönheit, Mut, Stärke sind nur einige Beispiele. Überlegen Sie sich, welche Eigenschaften Sie sich für Ihr neues Familienmitglied wünschen. Stärken Sie diese Vision mit der Auswahl eines geeigneten Namens! Soll Ihr Hund mutig sein? Sanft? Freude verbreiten? Welche positive Eigenschaft verbinden Sie am meisten mit Ihrem Tier? Wenn Sie sich darüber klar sind, suchen Sie einen Namen mit dieser Bedeutung aus (Listen hierfür sind z.B. im Internet zu finden). Sie können sich auch unterschiedlicher Sprachen bedienen und finden ganz bestimmt einen passenden Namen!
Als Abschluss dieses Kapitels möchte ich die Worte eines Menschen zitieren, der für den Tierschutz lebt, der bereits tausende Hunde vor dem sicheren Tod gerettet hat. Besser und eindringlicher kann man die Botschaft, die ich Ihnen mitgeben möchte, einfach nicht formulieren. Die Worte entstammen einer Beschreibung von Angsthunden, die ein Zuhause gesucht haben. Ich finde jedoch, dass sie für jeden Hund zutreffen:

> Es müssen Menschen sein mit Liebe, Geduld, Konsequenz
> und einer immensen Ausdauer. Diese Hunde sind eine echte
> Herausforderung, und man muss zu dieser stehen.
> Ein „probieren wir es mal" kann nicht funktionieren
> und würde der kleinen Hundeseele vielleicht einen
> nicht mehr reparablen Schaden zufügen.
> Dessen muss sich jeder Interessent bewusst sein!
>
> (Michael Schmorenz)

Eingewöhnung

Es ist endlich soweit! Ihr Hund zieht bei Ihnen ein – ich freue mich für Sie beide! Um Ihnen die erste gemeinsame Zeit etwas zu erleichtern, möchte ich Ihnen ein paar Tipps zur Eingewöhnung geben. Wie eingangs erwähnt, ist nicht jeder Tierschutzhund ängstlich bzw. unsicher. Ich möchte Ihnen ein Grundverständnis für den Vertrauensaufbau, für Ihre Verantwortung als menschlicher Begleiter, für die Gestaltung eines Lebensraumes geben, in dem sich alle Beteiligten wohlfühlen können. Bitte überspringen Sie einzelne Punkte einfach, wenn Ihr Hund eine bestimmte Unterstützung nicht benötigt.

„Der arme Hund"

Gleich einmal vorweg – Sie können Ihrem Tier von der ersten Sekunde an helfen, sich an Ihnen zu orientieren: **Bemitleiden Sie es nicht!** Egal, aus welcher Situation Sie ihm herausgeholfen haben, Mitleid ist ein schlechter Ratgeber. Zeigen Sie Mitgefühl, Empathie, Verständnis, aber bemitleiden Sie Ihren Hund nicht! Was könnte sonst beispielsweise passieren? Könnte es dann so aussehen?

Frauchen/Herrchen: Ooohhh, der Hund hat so lange hungern müssen, niiie wieder darf das passieren. Und jetzt, jetzt schaut er gerade wieder soooo arm. Da muss er gleich etwas bekommen.
Hund: Oh, nett, was da so abfällt bei denen hier.
Frauchen/Herrchen: Oooohhh, jetzt schaut er schon wieder so arm.
Na komm, bekommst noch etwas Gutes.
Hund: Aha. Immer wenn ich so schaue, bekomme ich etwas.
Ok, muss ich gleich nochmals probieren.
Frauchen/Herrchen: Na gut, also, ein letztes Stückchen noch, ja?
Ist ja fein, jetzt geht´s dir ja gut.
Hund: Cool. Klappt ja. Gleich nochmal.
Frauchen/Herrchen: Nein, nein. Jedes Mal gibt´s ja auch wieder nichts.
Das nächste Mal wieder, ja?
Hund: Hmmm. Kann man sich auf die nicht verlassen, oder was? Ich versteh die nicht. Komische Menschen. Kann mir mal einer sagen, wie das hier so abläuft? Ich kenn mich nicht aus. Am besten, ich mach mein eigenes Ding! Wenn man sich auf die nicht verlassen kann, muss ich das eben selbst checken.

Können Sie nachvollziehen, worauf ich hinauswill? Ihr Hund sucht **Stabilität, klare Kommunikation, Verlässlichkeit, Vorhersehbarkeit.** Wenn Sie jedoch einfach aus Mitleid heraus agieren, helfen Sie Ihrem Hund weder dabei sich zu orientieren, noch zeigen Sie ihm, dass Sie ein verlässlicher Partner sind. Aber genau das möchten Sie ihm gerade am Anfang vermitteln: Er kann sich auf Sie verlassen! Sie verhalten sich so, wie Sie es meinen, das heißt, Sie sind authentisch. Sie schaffen Sicherheit durch klare Strukturen. Ihr Hund kann sich in diesem Rahmen sicher bewegen.

14 Tage und drei Monate

Nach meiner Erfahrung gibt es zwei „magische" Zeiträume: 14 Tage und drei Monate. Innerhalb der ersten 14 Tage im neuen Zuhause benehmen sich viele Hunde, als wären sie unsichtbar. Sie versuchen, so wenig wie möglich aufzufallen, zeigen sich oft nicht so, wie sie wirklich sind. Das ändert sich dann, sobald sie an Sicherheit gewonnen haben, sobald sie verstanden haben, dass ihnen hier nichts Böses widerfährt. In den kommenden Wochen werden dann Schritt für Schritt Grenzen ausgelotet, Dinge ausprobiert, getestet, der Hund wird freier, beginnt mehr von seinem Charakter preiszugeben. Ähnlich wie bei der Einarbeitung in einem neuen Job sind die ersten drei Monate die herausforderndsten, bis sich alles eingespielt hat. Also, halten Sie durch!

Konsequenz

Sollten Sie berufstätig sein (ich gehe davon aus, dass Sie die im Kapitel „Voraussetzungen" angeführten Punkte geklärt haben, das heißt, ob der Hund auch, zeitlich begrenzt, allein bleiben kann, wie es mit Hunde-Sitting aussieht usw.), so nehmen Sie sich anfangs unbedingt ein paar Wochen Urlaub. Sie und Ihr Hund benötigen die gemeinsame Zeit, um sich kennenzulernen, einen gemeinsamen Rhythmus zu finden sowie einen gemeinsamen Rahmen zu definieren und bestimmte Verhaltensweisen zu trainieren.

Überlegen Sie sich bereits, **bevor** Ihr Hund bei Ihnen einzieht, wie sie mit gewissen Dingen umgehen möchten. Damit Sie für Ihren Hund ein verlässlicher Partner werden, dem er vertrauen kann, müssen Sie auf der einen Seite authentisch sein, auf der anderen Seite aber auch **konsequent**. Dinge einmal so und einmal so zu handhaben, schafft Unsicherheit.
Machen Sie sich zunächst einmal selbst klar, was Sie möchten und was nicht. Darf sich Ihr Hund im ganzen Haus oder in der Wohnung frei bewegen oder gibt es Räume, in die er nicht mitkommen soll? Darf er auf die Couch? Wo soll gefüttert werden? ...

Nur wenn Sie sich selbst klar darüber sind, was Sie möchten, können Sie das Ihrem Hund auch mitteilen!

Mit der Zeit können sich Dinge und Situationen verändern. Man merkt, dass etwas nicht so gut funktioniert. Dann kann man natürlich etwas anpassen – das soll man sogar tun. Manches muss erst gemeinsam erlebt werden, damit dann eine für alle Beteiligten passende Struktur gefunden werden kann. Aber ändern Sie nicht täglich (oder sogar mehrmals täglich) Ihre Meinung bzw. Ihr Verhalten, denn das verunsichert Ihren Hund und führt mittelfristig nur dazu, dass er selbst Entscheidungen in die Pfote nimmt.

Konsequenz tut nicht weh, ist nichts Schlimmes, nichts Böses oder (auf gut Österreichisch) Grausliches. Es ist auch nicht gemein, wenn man klare Strukturen schafft und diese sowohl selbst (!) einhält, also auch die im Haushalt lebenden Tiere daran gewöhnt.
Viele Verhaltensprobleme beim Tier entstehen durch Unsicherheit.

Um nicht selbst die Verantwortung zu übernehmen, sich um Ressourcen wie Essen, Platz, Herrli/Frauli zu kümmern und im Endeffekt dann vielleicht zu verteidigen, muss dem Hund die Möglichkeit gegeben werden, sich zu entspannen und darauf zu vertrauen, dass sein Mensch sich um diese Dinge kümmert. Sie als Hundehalter dürfen sich selbst erlauben, die Führung zu übernehmen – oh ja, ich rede tatsächlich von Führung, obwohl dieses Wort mittlerweile manchmal verpönt ist und durch Synonyme wie Leadership ersetzt wird, weil es schöner klingt. Denken Sie bitte nach. Wie sieht es in Ihrer Partnerschaft aus? Bei Ihren Freundschaften? Ist es nicht so, dass es immer einen gibt, der ein Treffen organisiert? Oder einen, der besonders gut darin ist, jemanden zu überraschen? Jemanden, der andere Dinge besonders gut kann? Genau so ist es in Ihrer Partnerschaft mit Ihrem Hund – ja, es ist eine Partnerschaft! Und jeder sollte das machen, was er besonders gut kann.

Ihr Hund hat eine tolle Nase? Prima! Vielleicht können Sie dies mit Fährtenarbeit, Rettungshundeausbildung oder einfach durch das kreative Verstecken von Leckerlis unterstützen. Er läuft besonders gern? Toll! Dann ab mit Ihnen aufs Fahrrad. Entdecken Sie mit Ihrem Hund gemeinsam, was er gut kann und ihm Freude bereitet. Aber vergessen Sie dabei nicht Ihre Aufgabe.

**In einer vom Menschen geschaffenen Welt,
die geprägt ist durch beengtes Raumangebot,
durch viele Menschen, durch Verkehr,
unübersichtliche Situationen und Begegnungen,
muss sich Ihr Hund auf Sie verlassen können.**

Er muss sich darauf verlassen können, dass Sie wissen, was zu tun ist – und ihm das auch so kommunizieren. Dann wird er sich auch an Ihnen orientieren. Das ist der Vorteil für Ihren Hund: Sie kennen sich aus, Sie wissen, wann man die Straße überqueren kann, Sie wissen, wo man leckeres Futter herbekommt. Das ist Ihr Beitrag in der Partnerschaft mit Ihrem Hund. Führen Sie ihn durch die Unwegsamkeiten unserer Welt – und lassen Sie sich gleichzeitig von ihm in seine Welt führen, wo es um die Gegenwart, die Freude, die Bewegung und bedingungslose Liebe geht.

Sollte(n) zusätzlich bereits ein oder mehrere Hund(e) im Haushalt leben, können Sie hier schon großartige Verstärkung haben. Unsichere Hunde können sich an sicheren Ersthunden festhalten – manchmal blüht der Ersthund dann sogar richtig auf, weil er ja schon alles weiß, kennt und kann, im Gegensatz zum „Zugereisten". Bei ausgewiesenen Angsthunden ist ein sicherer Ersthund absolut empfehlenswert. Gewisse Dinge werden schneller erlernt, wenn sie von einem anderen Hund vorgemacht werden.

Wenn ich dieses Unterkapitel in ein paar Worten zusammenfassen müsste, dann wären das:

Konsequente Führung durch Klarheit und Kooperation basierend auf bedingungsloser Liebe!

Fütterung

Hier möchte ich gleich mit einem Thema beginnen, das gerade in einem Hunderudel einen großen Stellenwert hat: die Fütterung. Eindeutige Richtlinien müssen ein Umfeld schaffen, in dem jeder Hund in Ruhe und in seinem Tempo das ihm zustehende Futter zu sich nehmen kann. Hunde aus dem Tierschutzbereich können sehr futterneidisch sein. Auch wenn sie sonst absolut keine Probleme machen, kann es zu Auseinandersetzungen untereinander kommen, wenn gefüttert wird. Es kann lange Zeit dauern, bis ein neues Rudelmitglied keinen Stress mehr beim Füttern verursacht.

Der Neue hat Stress und traut sich möglicherweise nicht zu fressen. Die „Alten" haben ebenfalls Stress, weil sie erstens befürchten, sich gegen den Neuen schützen zu müssen, und zweitens viel schneller fressen, um möglichst rasch alles im Bauch zu haben und dann nach Möglichkeit dem Neuen auch noch etwas wegschnappen zu können. Lassen Sie die Hunde beim Füttern nie allein, solange die Dinge nicht klar sind! Dies betrifft sowohl Kausachen als auch die Hauptmahlzeiten. Beachten Sie bitte die nachstehenden Hinweise.

Wichtig!

1. Jeder Hund hat seinen eigenen Futternapf.
2. Lassen Sie die Hunde vor dem Verteilen des Futters absitzen und in Ruhe warten.
3. Es muss Ihnen möglich sein, den vollen Napf in Ruhe abzustellen. Erst auf Ihr Zeichen hin darf der jeweilige Hund zu seinem eigenen Napf gehen.
4. Wenn ein Hund mit seiner Portion fertig ist, soll er den Futterplatz verlassen. Gegenseitiges Ausschlecken der Futternäpfe funktioniert nur bei gleich „starken" Hunden. Ein unsicherer Hund kann so sonst von seinem Napf verdrängt werden, sollte er mit seiner Portion noch nicht fertig sein, wenn der Napf der anderen schon leer ist. Manche Hunde werden dadurch sogar motiviert, schneller zu fressen, um die Portion des Neuen dann auch noch „einzukassieren".
5. Bleiben Sie im Raum, solange die Hunde gemeinsam fressen.
6. Lassen Sie keine Futterreste unbeaufsichtigt stehen.

Sie müssen bedenken, dass Ihre Tiere in einem von Ihnen – von einem Menschen – künstlich geschaffenen System leben und sich integrieren müssen. Es liegt daher in Ihrer Verantwortung, dass jeder Hund in Ruhe fressen kann.

Schaffen Sie die nötigen Strukturen und Rituale und halten Sie diese konsequent ein – vom ersten gemeinsamen Tag an! Das Schlagwort, das ich Ihnen noch öfter präsentieren werde, ist **Stressvermeidung**.

Gutes Management und **Voraussicht** sind die Grundpfeiler für ein ausbalanciertes Miteinander, in dem auch unsichere Hunde wieder zu ihrem Selbstbewusstsein finden können.

Raum geben - Rahmen geben

Jeder Hund ist anders. Manche Hunde können gar nicht genug von menschlicher Zuneigung bekommen und kleben praktisch an einem. Man wird bis auf die Toilette oder ins Bad verfolgt. Andere wiederum würden sich am liebsten wegbeamen, sitzen erstarrt in der Ecke des Wohnzimmers, fallen schon fast um vor Müdigkeit, trauen sich aber nicht sich hinzulegen. Es ist schwierig, alle möglichen Reaktionsmuster (und deren unterschiedliche Ursachen!) in einem Buch zusammenzufassen, sodass es noch Spaß macht zu lesen.

**Aber es gibt im Grunde genommen eine Richtlinie:
Das, was der Hund nicht von selbst anbietet, ist das, was er braucht, um sich weiterentwickeln zu können.**

Es fällt einem immer leichter, in einem bekannten, eingefahrenen Muster zu bleiben, das ja auch Sicherheit vermittelt. Diese Verhaltensweise bringt uns jedoch nicht wirklich weiter. Wir bewegen uns damit auf der Stelle, probieren nichts Neues aus, lernen keine Alternativen kennen, stagnieren – und nutzen nur einen Bruchteil unseres Potenzials.
Einem Hund, der am Menschen förmlich klebt, helfen Übungen, die ihn dabei unterstützen, weniger abhängig zu sein. Ruhiges Liegen am Platz, während sich der Besitzer frei in der Wohnung bewegt, zählt hier genauso dazu wie Trainingseinheiten, um allein zu bleiben.
Einem Hund, der am liebsten möglichst weit weg wäre, weil er Angst hat, wird es helfen, wenn er zwar Raum für sich bekommt (z.B. eine eigene Box, in die er sich ungestört zurückziehen kann oder einen anderen etwas abseits gelegenen Ruheort), aber trotzdem dazu angehalten wird, sich nicht abzuschotten.

Die magische Formel lautet:

**Raum geben (Rückzugs- bzw. Ausweichmöglichkeit)
+ Raum eingrenzen (keine Abschottung für unsichere Hunde bzw. Bewegungsradius klebender Hunde etwas begrenzen durch positiv besetzte Übungen)
= Integration**

Das heißt, geben Sie einem unsicheren Hund auf der einen Seite Raum für sich, in den er ausweichen und sich zurückziehen kann, aber lassen Sie ihn sich nicht absondern. Integration bedeutet, dass er den Rhythmus der neuen Familie miterlebt und nicht weggesperrt wird. Ruhe und Stressvermeidung sind zwar wichtig, aber das bedeutet nicht, dass man nicht unter allen Umständen vom ersten Tag an (!) danach trachten muss, dass das neue Familienmitglied nicht in seiner abgeschotteten Welt allein gelassen wird. Einen ängstlichen Hund draußen in einen Zwinger zu sperren, weil man meint, dass er dann Ruhe hat, ist genau die verkehrte Herangehensweise.

Kurze Trainingseinheiten sind für diese Tiere nicht ausreichend, um das Vertrauen in den Menschen zu festigen und eine Bindung aufzubauen. Man würde mit einer solchen Methode vielmehr das Einzelgängerdasein unterstützen, das Tier jedoch nicht dazu motivieren und ermuntern, am Familienleben teilzuhaben. Nur die immer wiederkehrende Bestätigung, dass von Ihnen keine Gefahr ausgeht, sowie die ständige Gelegenheit, sich beteiligen zu können, gibt diesen Hunden die Möglichkeit, sich zu entspannen und lernen zu können.

Ein Beispiel

Unser jüngstes vierbeiniges Familienmitglied, ein Angsthund aus Rumänien, der als Welpe misshandelt wurde, wollte sich (nachdem er sich nach Tagen endlich einmal überhaupt aus dem Wohnzimmer herausgetraut hat) immer allein in das obere Stockwerk zurückziehen und wäre ohne Motivation von außen auch nicht mehr heruntergekommen. Wir haben dann zunächst ein Treppenschutzgitter für Kinder montiert, damit er zwar in den Stiegenaufgang ausweichen (= Raum geben), aber nicht komplett allein ins Obergeschoss verschwinden konnte (= sich nicht abschotten lassen, Raum eingrenzen). Er bekam ein Gefühl der Sicherheit und hatte trotzdem die Möglichkeit und die eigene Entscheidung, sich am Familienleben zu beteiligen.

Mit diesen Maßnahmen geben Sie Ihrem Hund einen **Rahmen**. Das bedeutet Sicherheit, Geborgenheit, Vertrauen, Stabilität, Ruhe, Lösen von Spannungen. Rahmen sind dazu da, einen Bereich überschaubarer zu machen, eine Reizüberflutung durch zu viel Weite und damit Eindrücke zu vermeiden, einen Raum zu geben, in dem man sich frei bewegen kann, in dem nicht kontrolliert werden muss, denn es ist alles unter Kontrolle.
Diesen Rahmen geben Sie als Hundebesitzer: zum einen mit externen Hilfsmitteln wie z.B. physischen Begrenzungen, zum anderen, wie bereits besprochen, durch Ihre mentale Vorbereitung und daraus resultierender klarer Kommunikation von der Struktur, die Sie sich im Vorfeld überlegt haben.

Überlassen Sie Ihren Hund nicht sich selbst.

Körperbandagen

Eine weitere Möglichkeit, um Ihrem Hund einen sicheren Rahmen zu geben, ist die Arbeit mit Körperbandagen. Diese haben sich gerade auch in der Anwendung bei Hunden aus dem Tierschutzbereich sowie ängstlichen Hunden sehr bewährt. Der Einsatz von Körperbändern ist ein integrativer Bestandteil der Tellington TTouch®- Arbeit. Das Gefühl, von einer Bandage umhüllt zu sein, beruhigt viele Hunde. Sie bekommen dadurch die Möglichkeit, ihre Eigenwahrnehmung (Propriozeption) zu schulen und neue Bewegungsabläufe sowie Verhaltensmuster zu erlernen.

Damit die Vorteile der Körperbandage richtig genutzt werden können, muss auf das **korrekte und höfliche (!) Anlegen** geachtet werden.

Das bedeutet:

- Ich nähere mich von der Seite, nicht von vorne.
- Ich fasse nicht von oben über den Hundekopf.
- Ich lasse den Hund die Bandage zunächst kennenlernen.
- Meine Bewegungen sind ruhig, zielgerichtet und sanft

Wichtig!

Die Bandage sollte ausreichend elastisch, aber nicht zu locker sein. Achten Sie darauf, dass sie überall gleichmäßig anliegt, nicht verdreht ist, nichts eingeklemmt ist (Achtung bei Rüden!). Links und rechts bei der Schulter sollten Ihre flach aufliegenden Hände gleichzeitig darunter passen, damit die Bandage zwar gut am Hund liegt, aber nicht zu eng ist. Sie soll dem Hund Körperbewusstsein geben, aber nicht einschneiden! Lassen Sie ihn nicht allein, wenn er eine Bandage trägt.

Zum Einstieg können Sie folgende Wicklungsmöglichkeiten ausprobieren:

1. Halbieren Sie die Bandage und legen Sie sie mittig vorne auf die Brust. Führen Sie die Enden links und rechts entlang der Schulter nach oben und kreuzen Sie sie oberhalb der Schulterblätter. Führen Sie die Enden wieder nach unten (hinter die Ellenbogen), sodass die Bandage schön den Brustkorb umrahmt. Fixieren Sie dann die Enden mithilfe einer Masche oder einer Sicherheitsnadel für Babys, die einen Sicherungsmechanismus hat und sich nicht von allein öffnen kann (gibt es in Schneidereizubehörgeschäften).
2. Machen Sie alles wie unter Punkt 1 beschrieben. Statt die Enden jedoch zu fixieren, überkreuzen Sie sie nochmals unter dem Bauch und führen Sie wieder hinauf zum Rücken des Hundes, erst dort befestigen Sie sie wieder miteinander wie unter Punkt 1 angeführt.

Bezüglich Tragedauer dienen als Richtwert etwa 20 Minuten, wenn der Hund die Bandage bereits kennt und akzeptiert. Beginnen Sie zunächst mit einem kürzeren Zeitraum und steigern Sie die Dauer.

Dies alles richtet sich vor allem nach der **Kommunikation des Hundes** – hier schließt sich der Kreis: Bitte beschäftigen Sie sich mit der Signalgebung von Hunden generell und beobachten Sie bei Ihrem eigenen Hund genau, was er tut, wenn er unsicher wird bzw. Stress bekommt! Sollte er dementsprechende Anzeichen zeigen, entfernen Sie die Bandage wieder.

Das Tragen einer Körperbandage ist sowohl drinnen als auch draußen möglich und sinnvoll und kann gern zusammen mit dem normalerweise verwendeten Geschirr erfolgen!

Info

Es gibt sehr viele verschiedene Möglichkeiten, Körperbandagen zu wickeln – je nachdem, welchen Schwerpunkt man setzen möchte. Daher empfehle ich bei Interesse das Buch „Gut gewickelt für Haustiere" (Robyn Hood und Mandy Pretty) als Begleitliteratur bzw. die Anleitung durch einen Tellington TTouch® Praktiker.

Als Erste Hilfe-Maßnahme können Sie ebenfalls ausprobieren, wie Ihr Hund auf das Tragen eines T-Shirts von Ihnen reagiert. Wählen Sie eines, das beim Hund gut anliegt. Lassen Sie ihn mit den Vorderbeinen durch die Ärmel schlüpfen, das Shirt wird ganz normal mit der Halsöffnung über den Kopf gezogen – nur dass beim Hund der vordere Halsausschnitt am Rücken zu liegen kommt! Überstehender Stoff kann verknotet werden.

Achtung!

Das Anziehen eines T-Shirts kann sehr effektiv sein und unsichere oder auch geräuschempfindliche Hunde beruhigen. Aber viele Hunde aus dem Tierschutzbereich mögen eine Berührung am Kopf nicht bzw. haben Probleme damit, mit dem Kopf durch etwas durchzuschlüpfen (z.B. auch Brustgeschirre). Für diese Tiere ist das Anlegen einer Körperbandage weitaus stressfreier und empfehlenswerter!

Die sanfte Integration in die Tagesroutine sowie die Einhaltung von Ritualen, Rhythmen und Regeln geben Halt.

Rahmen bedeutet: Überschaubarkeit und Vorhersehbarkeit machen weniger Kontrolle des Lebensumfeldes nötig, was zu einer Stressreduktion führt.

Zeit und Ruhe

Zeit und Ruhe sind wesentliche Faktoren bei der Hundeausbildung und beim Vertrauensaufbau. Sie kennen das Sprichwort: Wenn Sie es eilig haben, gehen Sie langsam. Besonders bei Ihrem Zusammenleben mit Tieren ist dies aus folgendem Grund wichtig: Ihre Körpersprache, Ihr Muskeltonus, Ihre Atemfrequenz, Ihre Herzfrequenz verändern sich, wenn Sie unter Druck, „im Stress" sind. All das wird von Ihrem Hund registriert – und führt bei unsicheren Hunden bzw. Hunden, die sich noch nicht eingelebt haben, zu noch mehr Unsicherheit und kann die Verhaltensantworten Flucht, Aggression oder Erstarren nach sich ziehen.

Fazit

Sie brauchen für gewisse Dinge noch länger als geplant – und verspielen sich vielleicht durch schnelle, nicht durchdachte Aktionen sowie fahrige und hektische Bewegungen das bereits entstandene Vertrauen und belasten die Beziehung zu Ihrem Tier!

Stellen Sie sich vor, Sie halten ein Baby im Arm und wiegen es, um ihm beim Einschlafen zu helfen. Wenn Sie dabei hektisch atmen, es eilig haben, ruppig sind, weil Sie wollen, dass es endlich einschläft und Sie dann etwas anderes machen können, Sie eine Aufgabe abarbeiten, anstatt sich mit dem Herzen einzufühlen und mit Ihrem ruhigen, tiefen Atem den Rhythmus vorzugeben, wird das Baby nur unruhig werden, herumschauen, vielleicht quengeln – aber ganz sicher nicht rasch und ruhig einschlafen. Genauso wenig wird Ihr Hund sich beruhigen und kooperieren, wenn Sie nicht genau auf Ihren Körper und Ihre Einstellung achten.

Merken Sie sich bitte folgende Formel:
langsam = leise
schnell = laut

... und probieren Sie Folgendes aus:

Praktische Übung

Setzen Sie sich an die Tastatur Ihres PCs oder Laptops. Tippen Sie so schnell Sie können einen Text. Hören Sie dabei auf den Lärm, den die Tastatur dabei macht. Ja, Sie schreiben schnell und haben ein schnelles Ergebnis auf dem Bildschirm. Dabei machen Sie aber auch ganz schön viel Lärm – und stören damit vielleicht auch Ihre Umgebung. Und nun tippen Sie im Gegensatz dazu langsam und konzentrieren sich auf jeden einzelnen Buchstaben, den Sie hinunterdrücken. Ja, das dauert um Einiges länger, aber der entstehende Lärm ist vergleichsweise gering.

Schnelle, hektische Bewegungen wirbeln also sozusagen „viel Staub“ auf, machen Lärm und beunruhigen Ihren Vierbeiner. Langsame, gezielte Bewegungen hingegen integrieren sich in die Umwelt, stören nicht, verbreiten keine Hektik. Das ist es, was Ihr Tierschutzhund gerade anfangs benötigt! Wenn Sie einem Tier, von dem Sie viele Dinge noch nicht wissen, ein Zuhause geben, müssen Sie zu Beginn davon ausgehen, dass Sie Ihr Leben nicht weiterleben können wie gewohnt, dass manche alltäglichen Prozesse anders verlaufen, länger dauern, angepasst werden können oder müssen. Viele Hunde müssen sich anfänglich noch ausruhen, schlafen viel, nachdem sie vielleicht aus einem lauten Tierheim oder nach einem langen Transport zu Ihnen nach Hause gekommen sind. Bitte geben Sie ihnen ausreichend Möglichkeit, sich auszuruhen.

Rechnen Sie in der Eingewöhnungsphase auf alle Fälle **mehr Zeit** für Spaziergänge, Erledigungen oder Ereignisse ein. Stellen Sie sich Folgendes vor: Sie müssen dringend zu einem Termin – aber Ihr Hund hat sich im letzten Eck im Garten versteckt, weil er sich erschreckt hat? **Planen Sie voraus!** Wenn Sie weg müssen (vorausgesetzt, der Hund kann – eventuell mit Unterstützung seiner Hundekumpels – schon eine Zeitlang allein zu Hause bleiben!), dann kümmern Sie sich rechtzeitig darum, dass die Hunde im Haus sind! Ich empfehle es keinesfalls, einen unsicheren Hund, der es nicht gewöhnt ist, anfangs schon allein zu Hause zu lassen! Alleinbleiben ist etwas, das langsam aufgebaut und trainiert werden muss, um Malheuren wie Urinieren, Abkoten, Zerstörung der Wohnungseinrichtung sowie exzessives Bellen oder Weinen vorzubeugen. Speziell bei Hunden, die sich erst langsam an das Leben in einer Familie gewöhnen müssen, weil sie entweder von der Straße oder aus schlechter Haltung kommen, ist es notwendig, hier sehr behut- und achtsam vorzugehen.

Wenn Sie ein weitläufiges Grundstück haben, haben Sie vielleicht die Möglichkeit, einen Teil vom Garten abzutrennen, damit sich der Hund zunächst nicht vollständig verkriechen kann. Üben Sie mit ihm das gemeinsame Raus- und Reingehen, trainieren Sie mit ihm, auf Zuruf ins Haus zurückzukommen. Wenn Sie z.B. einem Straßenhund ein Zuhause gegeben haben, kann es sein, dass er sich draußen generell wohler fühlt als in der Wohnung bzw. im Haus. Hier werden Sie ihm den Aufenthalt drinnen (im wahrsten Sinne des Wortes) schmackhaft machen müssen – oder erlebnisreich, je nachdem was Ihr Hund bevorzugt!
Zum Abschluss dieses Unterkapitels möchte ich Sie bitten, folgende Übung immer wieder bei Gelegenheit zu wiederholen (und Gelegenheiten gibt es in unserem heutigen Alltag ausreichend!):

Praktische Übung

Wenn Sie im Stress sind, atmen Sie tief und bewusst, das heißt, konzentrieren Sie sich auf das Ein- und das Ausatmen. Stellen Sie sich vor, wie Sie mit dem Boden unter Ihren Füßen gut verwurzelt sind. Belasten Sie beide Beine gleichmäßig und beugen Sie die Knie leicht. Richten Sie sich auf, entspannen Sie Ihre Kiefermuskulatur, machen Sie Ihr Gesicht weich, indem Sie mit den Augen nicht einen bestimmten Punkt fokussieren, sondern ins Leere schauen (auf Österreichisch: ins Narrenkastl), lassen Sie die Schultern hängen – haben Sie gerade zu atmen aufgehört, wie Sie sich das alles vorgestellt haben? Ertappt? Achten Sie darauf, gleichmäßig und tief weiter zu atmen. Singen Sie etwas, wenn es Sie entspannt, oder erzählen Sie eine Geschichte, damit Ihr Atem fließt. Je eiliger Sie es haben, desto ruhiger müssen Sie werden!

Um Sie noch mehr in der Gegenwart zu verankern (Stress und Druck entstehen unter anderem dann, wenn man nicht im Jetzt ist, sondern zu sehr auf die Zukunft fokussiert, auf seine Pläne, auf bevorstehende Termine usw.), können Sie täglich mehrmals folgende Übung durchführen:

Praktische Übung

Unterbrechen Sie das, was Sie gerade tun. Halten Sie kurz inne. Spüren Sie die Temperatur dort, wo Sie gerade sind? Auf Ihren Wangen? Auf Ihrer Haut? Ist es kalt oder warm? Wie riecht es? Stehen Sie mit beiden Beinen gut verankert am Boden? Fühlen Sie Ihre Fußsohlen? Atmen Sie bewusst ein und aus. Es zählt gerade nur dieser Augenblick. Wie fühlen Sie sich? Sind Sie fit? Haben Sie Schmerzen? Atmen Sie bewusst und in einer gleichmäßigen Frequenz weiter. Lassen Sie los. Die kreisenden Gedanken, den Druck, etwas fertigbekommen zu müssen, die Gedanken an den nächsten Termin. Spüren Sie in Ihr Kiefergelenk. Ist es locker oder beißen Sie die Zähne zusammen? Liegen Ihre Lippen weich aufeinander oder sind sie zusammengepresst? Ihr Atem geht jetzt regelmäßig, ist tief und fließt. Die Luft zirkuliert ein und aus. Nehmen Sie Ihre Tätigkeit jetzt wieder auf. Fokussiert, aber bleiben Sie im Jetzt.
Bitte wiederholen Sie diese Übung, wann immer Ihnen der Gedanke dazu kommt!

Nur um dies nochmals im Gedächtnis zu verankern: Das alles sind nur Akutmaßnahmen, um Ihren Hund in einer stressigen Situation nicht noch weiter zu verunsichern. Ratsamer ist, wie bereits erwähnt, die Vorausplanung. Beginnen Sie frühzeitig, mögliche Situationen zu üben und vorzubereiten (z.B. ins Haus hereinrufen, kurz allein bleiben). Wenn etwas schon eingetreten ist, haben Sie in diesem aktuellen Fall dann keine Möglichkeit mehr, jetzt erst mit dem Training zu beginnen. Wenn hier ein gewisses Verhalten nicht abrufbar ist, setzt das Sie und Ihren Hund unter Druck, belastet das Vertrauensverhältnis und die Beziehung zwischen Ihnen und Ihrem Tier.

Reizkontrolle

In meiner Praxis für Verhaltensberatung konnte ich feststellen, dass ein Großteil der Probleme auf Stress zurückzuführen ist. Dieser kann sowohl physische Ursachen haben (z.B. Schmerzen, zu wenig Ruhephasen) als auch psychische (z.B. Überforderung, Unterforderung). Jeder Hund hat ein individuelles Maß an Stresstoleranz, also ein individuelles Limit, wie viel Stress er „aushält" ohne Reaktionen wie Aggression, Flucht oder Erstarrung zu zeigen. Wie hoch diese individuelle Stresstoleranz ist, hängt unter anderem von Rasse, Ausbildungsstand, Erfahrungen, Alter und physischem Zustand ab.

Stellen Sie sich ein Fass vor, in dem der Hund sitzt. Anfangs ist es leer, er bekommt ausreichend Luft. Mit der Zeit füllt sich dieses Fass mit Abwasser – mit Umwelteinflüssen wie Lärm, künstlichem Licht, Streusalz im Winter, schnellen Autos, die nahe vorbeifahren; mit Störungen der benötigten Ruhezeit; mit Langeweile; mit unzureichender körperlicher Auslastung; mit Missverständnissen zwischen Hund und Halter, weil die Kommunikation unklar ist bzw. der Mensch sich inkongruent verhält (sein Körper zeigt etwas anderes als er eigentlich denkt); weiterhin können körperliche Beeinträchtigungen hinzukommen, Verletzungen, Gelenks- oder organische Probleme. Der Hund beginnt in seinem Fass zu schwimmen, immer heftiger rudert er mit den Beinen und schnappt nach Luft – doch irgendwann steht ihm das schmutzige, undurchsichtige Abwasser bis zur Schnauzenspitze und er kann nur mehr schnappen, um Luft zu bekommen.

Wenn wir bei unserem anschaulichen Fassbeispiel bleiben, gibt es zwei Phasen des Abwassers: Die erste Phase lässt sich vom Halter nur schwer oder gar nicht beeinflussen, dazu gehören z.B. gewisse Umweltbedingungen. Die zweite Phase lässt sich vom Halter beeinflussen – nein, er hat sogar die Pflicht und Verantwortung, hier möglichst wenig Wasser ins Fass fließen zu lassen, also eine Reiz-

überflutung zu unterbinden. Dazu gehören u. a. die Berücksichtigung der artgerechten Hundehaltung (siehe selbiges Kapitel) und vor allem die Berücksichtigung der individuellen Bedürfnisse des eigenen Hundes! Die Abklärung von körperlichen Schwachstellen ist ebenso wichtig wie die sorgfältige Vorbereitung auf das Leben in unserer Gesellschaft durch gewissenhaftes und positives Training.

Gutes Management und vorausschauendes Handeln sind ganz wesentliche Faktoren der Stressvermeidung!

Wenn Sie einen Tierschutzhund übernehmen, müssen Sie nicht gleich alles auf einmal machen. Lassen Sie ihm Zeit anzukommen. Lernen Sie ihn kennen und geben Sie ihm die Möglichkeit, dass er Sie kennenlernt. Nachdem Sie meine Zeilen gelesen haben, haben Sie Ihren Hund aus einem inländischen Tierheim oder aus dem Ausland mithilfe einer seriösen Tierschutzorganisation abgeholt, das heißt, er ist bereits ausreichend geimpft, entwurmt, hat den nötigen Mikrochip und den Heimtierausweis. Es sollte daher keine dringende Notwendigkeit geben, ihn in den ersten Tagen nach seiner Ankunft dem Tierarzt, Trainer, Hundefriseur oder den Freunden vorzustellen.

Lassen Sie ihn bitte einmal ein paar Tage in Ruhe.

Ausnahme: Bei akuten gesundheitlichen Problemen stellen Sie ihn selbstverständlich beim Tierarzt vor! Je nach Vorerfahrung hat Ihr neues Familienmitglied möglicherweise Angst vor allen möglichen Dingen, die so im Alltag da sind: Bewegungsmelder, die Licht machen; Nachbarn, die über den Zaun grüßen – und hups, springt der Hund schon vom Gehsteig auf die Straße. Sperren Sie den Hund nicht in den Keller oder in ein Gehege, wenn es das Ziel ist, dass er mit Ihnen zusammenleben soll! Er muss sich an Sie, an Ihre Körpersprache, Ihre Bewegung, Ihren Tagesrhythmus gewöhnen können. Das erreichen Sie nicht, wenn Sie ihn wegsperren. Die Strukturierung des Tages schafft den erwähnten Rahmen, in dem sich Ihr Hund orientieren kann. Er findet Halt – und damit tragen Sie schon einen ganz essenziellen Teil zur Stressvermeidung bei.

Rituale geben einen Rhythmus vor und vermitteln damit Sicherheit und ein Gefühl von Kontrollierbakeit, was wieder den Stresslevel senkt.

Stresstoleranz muss mit einem ängstlichen Hund erst erarbeitet werden. Schon Kleinigkeiten können ihn wieder in alte Muster zurückfallen lassen. Trotzdem (oder genau deswegen!) ist es wichtig, nicht nur am Grundvertrauen zu arbeiten, sondern auch die **Flexibilität** Ihres Hundes zu fördern. Wenn sich Ihr Hund einmal an Ihren Rhythmus gewöhnt hat, an die alltäglichen Dinge, dann sind Sie erleichtert und froh, dass Sie wieder einem halbwegs normalem Tagesverlauf folgen können. Doch werden Sie nicht faul! Sie werden merken, dass dieser Hund weiterhin Förderung benötigt. Er gewöhnt sich gut an Rituale, sie geben ihm Sicherheit. Doch wehe, wenn etwas anders ist als gewohnt. Da steht auf einmal etwas Neues im Garten oder im Wohnzimmer – dann schlägt die Unsicherheit wieder durch.

Ziel ist es, dass der Hund flexibel auf neue Situationen reagieren kann, damit der Stresspegel unten bleibt!

Dies kann ich nur durch fortdauerndes Training und Förderung erreichen. Wenn es also einmal läuft: Freuen Sie sich! Sie haben diesem Tier ein schönes und glückliches Leben ermöglicht! Aber ruhen Sie sich nicht auf Ihren Lorbeeren aus! Es kann immer und überall zu unvorhergesehenen Situationen kommen und Sie möchten, dass Ihr Hund kontrollierbar bleibt, sich nicht wieder in seiner Panik verkriechen muss, sondern stattdessen in seiner Balance bleibt. Erschrecken Sie nicht, wenn bei fortschreitendem Training aus Ihrem Angsthund plötzlich ein Draufgänger wird. Je nach Alter des Hundes und Entwicklungsstufe kann sich das Verhalten sehr schnell ändern (z.B. Hingehen zu anderen Hunden und Menschen), womit Sie vielleicht gar nicht gerechnet haben. Die Angst überdeckt zunächst Charaktereigenschaften und Stadien der natürlichen Entwicklung, das Tier ist gehemmt. Wenn Sie es geschafft haben, dass diese Angst sich verringert, der generelle Stresslevel sinkt bzw. die Stresstoleranz höher wird (Das Fass kann auch wachsen!), kann das „wahre Ich" Ihres Hundes zutage treten.

Praktische Übung

Um Ihren Hund gut kennen sowie lesen zu lernen, machen Sie bitte die folgende Übung:
Wenn bereits ein Hund in Ihrer Familie lebt, beobachten Sie ihn bei der nächsten Gassirunde genau. Gibt es Dinge, vor denen er erschreckt? Wie sieht es bei vorbeifahrenden Autos aus? Fremden Menschen? Hydranten am Gehsteig? Anderen Hunden? Lauten Geräuschen? Bodengittern? Kanaldeckeln? Geht Ihr Hund gern darüber oder weicht er aus? Was ist ihm unangenehm? Wie zeigt er das? Geht er lieber entlang einer Hauswand? Wird er an gewissen Stellen des Spazierweges schneller oder langsamer? Schulen Sie Ihren Blick, wie sich Ihr Hund fühlt. Verändert sich sein Gesichtsausdruck? Legt er die Ohren an, weitet die Augen oder beginnt zu hecheln? Wird sein Gang steifer? Wird die Rute entspannt getragen oder aufrecht gestellt? (Auch bei Hunden, die die Rute generell aufgestellt tragen, erkennt man einen deutlichen Unterschied zwischen An- und Entspannung!) Orientiert er sich dann an Ihnen, wenn er unsicher wird, das heißt, schaut er, was Sie machen? Kommt er näher? Wartet er ab, was Sie tun?

Ihr Hund kommuniziert mit Ihnen und wartet auf Ihre Signale. Seien Sie sich bewusst, dass das, was Sie denken, sagen und tun, direkte Auswirkungen auf das Verhalten und Wohlbefinden Ihres Hundes hat. Beobachten Sie ihn in Ruhephasen und bei Aktivitäten. Dann vergleichen Sie seine individuelle Körpersprache in Stresssituationen. Was verändert sich? Denken Sie daran:

Die Körperhaltung beeinflusst die innere Haltung und damit auch Wohlergehen und Zufriedenheit Ihres Hundes.

Wenn Sie kleinste Veränderungen erkennen und darauf entsprechend reagieren können, entwickelt sich eine Kommunikation zwischen Ihnen und Ihrem Hund. Er wird sehr schnell merken, dass Sie auf das, was ihn beschäftigt, eingehen – und es in seinem Verhalten widerspiegeln.

Wichtig!

Memo für die Eingewöhnungszeit

1. Haben Sie keine Erwartungen, aber setzen Sie sich Ziele!
2. Schaffen Sie Ausweichmöglichkeiten durch Strukturierung des Wohnraumes.
3. Achten Sie darauf, Ihren Hund nicht unkontrolliert vielen Reizen auszusetzen.
4. Trainieren Sie mit Ihrem Hund vom ersten Tag an. Ich meine hier jedoch nicht, dass er am zweiten Tag nach seiner Ankunft alle möglichen Tricks können soll. Vielmehr trainieren Sie bereits, indem Sie in den gleichen Situationen gleich reagieren und konsequent sind. So bauen Sie am besten eine Vertrauensbasis auf.
5. Bieten Sie von Anfang an eine klare Struktur, klare Regeln sowie klare und höfliche Kommunikation an.
6. Der Hund ist nicht „arm" und nicht „dankbar". Er ist ein vollwertiges Familienmitglied mit eigenem Charakter, eigenem Kopf und eigenen Möglichkeiten sowie Bindungswillen.
7. Vermeiden Sie durch gutes und vorausschauendes Management Stress!
8. Werden Sie nicht faul. Mit Durchhaltevermögen und Konsequenz lassen sich vorher undenkbare Dinge erreichen!
9. Lernen Sie die Sprache Ihres eigenen Hundes. Beobachten Sie ihn ausgiebig.
10. Rechnen Sie immer mit dem Unvorhergesehenen!

Art- und individuengerechte Hundehaltung

Was versteht man unter „artgerecht"? Wie kann man der Spezies Hund in einer vom Menschen dominierten Welt „gerecht" werden? Und warum ist das so wichtig, wenn Sie einen Tierschutzhund adoptieren möchten?

Beginnen wir mit der letzten Frage zuerst. Die Erfüllung der grundlegenden Bedürfnisse des Hundes ist essenziell, um Stress zu minimieren. Wir geben ihm einen Rahmen, in dem er Sicherheit und Geborgenheit finden kann, aber sein Bedürfnis nach Bewegung, geeignetem Futter, geistiger Auslastung (welche nötig wird, weil wir jetzt seinen Tag strukturieren und nicht er selbst nach Notwendigkeit) sowie Sozialkontakt gibt uns (!) den Rahmen, in dem wir agieren können! Jeder Hund ist anders. Seine Bedürfnisse werden durch Rasse, Alter und individuelle Interessen beeinflusst. Für jeden Hund gilt jedoch, dass erst, wenn diese Bedürfnisse erfüllt sind, Ausgeglichenheit und Balance, somit Flexibilität und Stabilität erreicht werden können. Das beste Training ist für die Katz, wenn der Hund unter Bewegungsmangel leidet und sich daher nicht konzentrieren kann oder wenn er gewisse Verhaltensweisen ablegen soll, ihm aber stattdessen keine adäquate alternative Beschäftigung angeboten wird!

Berücksichtigen Sie bei der artgerechten Hundehaltung also auf alle Fälle folgende Eckpunkte:

- **Ernährung:** Anpassung an Gesundheitszustand, Alter, Stresslevel und körperliche Auslastung
- **Bewegungsbedarf:** Kann je nach Rasse und Individuum sehr unterschiedlich sein!
- **Freilauf:** Meines Erachtens ist trotz ausreichender körperlicher Auslastung, z.B. durch Laufen am Fahrrad, der Freilauf ein wichtiges Element in der artgerechten Hundehaltung. Wenn es für Hunde, die aus verschiedenen Gründen an der Leine bleiben müssen, keine andere Möglichkeit (wie z.B. einen eigenen Garten) gibt, suchen Sie bitte regelmäßig eine Freilaufzone auf, wo Ihr Hund einfach Hund sein und sich nach Belieben bewegen darf. Zum Thema Hundezone ist jedoch noch Folgendes anzumerken: Viele fremde Hunde auf einem begrenzten Raum können massiv stressen. Freie Bewegung sollte wirklich etwas Positives für Ihren Hund sein, er soll gern spielen und nach Herzenslust schnüffeln, wenn er das möchte. Leider habe ich immer wieder erlebt, dass in gut frequentierten Hundezonen die Hunde sehr gestresst werden und die positive Intention damit zunichte gemacht wird. Vielleicht finden Sie dann Randzeiten oder alternative Orte, wo Ihr Hund Hund sein darf.

- **Ruhebedürfnis:** Neben ausreichender Bewegung ist auch ausreichende Ruhe wichtig, was aber oft vergessen wird!
- **Sozialkontakte:** Das Bedürfnis nach Sozialkontakt kann sich zwischen Hunden dramatisch unterscheiden. Sowohl zu viel als auch zu wenig davon kann Stress verursachen. Beobachten Sie Ihr Tier daher genau und passen Sie die Kontaktfrequenz zu anderen Hunden dementsprechend an.
- **Geistige Auslastung:** Jeder Hund hat bestimmte Interessen und Talente. Diese zu fördern, vertieft einerseits die Mensch-Tier-Beziehung, trägt aber andererseits auch zur Gesunderhaltung Ihres Hundes bei! Riecht er besonders gern und gut? Dann ist vielleicht ein Fährtentraining das Richtige für ihn. Ist er verschiedenen Menschen sehr zugetan und stellt sich dementsprechend auf verschiedene Bedürfnisse ein? Dann käme er vielleicht als Therapiehund infrage. Oder ist es ihm einfach am liebsten, den ganzen Tag der Clown zu sein? Dann lernt er sicherlich gern den einen oder anderen Trick von Ihnen.

Jeder der angeführten Punkte kann für sich eigene Ratgeber füllen. Sie finden zum Thema artgerechte Fütterung, Spielmöglichkeiten, Physiologie des Hundes und vielem mehr bereits eine Menge an Literatur und ich möchte Sie einladen, dieses Angebot auch zu nutzen. Denn nur ausreichend Information und Wissen ermächtigen Sie zu Selbstständigkeit und Eigenverantwortung.

Wichtig!

Jeder Hund ist als Individuum zu sehen, mit unterschiedlichen Bedürfnissen, Interessen und Möglichkeiten. Beobachten Sie Ihren Hund und nehmen Sie wahr, was seine Persönlichkeit ausmacht.
Da unsere Hunde in einem von uns Menschen geschaffenen System leben, sich unserem Tagesablauf und Rhythmus anpassen (müssen), ist es auch unsere Aufgabe, ihre eigenen Bedürfnisse zu erkennen, entsprechend zu berücksichtigen und in unser Familienleben zu integrieren.

Zusammenwachsen

Schritt für Schritt haben Sie sich auf Ihren Hund vorbereitet. Sie haben auf eine seriöse Vermittlung geachtet, Ihren Wohnraum entsprechend vorbereitet – und Ihre eigenen Erwartungen besänftigt. Ihr Hund ist endlich bei Ihnen eingezogen. Manche Hunde finden sich sofort zurecht und es ist so, als wären sie immer schon hier gewesen. Andere wiederum suchen sich eine stille Ecke, warten ab – oder erstarren auch vor Angst in der neuen Umgebung.
Schritt für Schritt folgt nun die tägliche Arbeit mit Ihrem Hund, um ihn an die alltäglichen Wege, Handlungen und Situationen zu gewöhnen. Achten Sie auf das **individuelle Tempo Ihres Tieres.** Vergessen Sie nicht **Pausen**, damit es das Gelernte verarbeiten kann. Halten Sie Ihre **Erwartungen niedrig**.
Besonders wichtig ist mir Folgendes: Egal, wie schwierig die Situation sein kann, der Einsatz von Hilfsmitteln wie Stachelhalsbändern und Telereizgeräten (z.B. Elektroschockhalsbänder) ist sowohl kontraproduktiv als auch tierschutzrechtlich relevant.

In Österreich gilt ein generelles Verbot für die Verwendung von Hilfsmitteln wie Stachel- und Zughalsbändern sowie Stromreizgeräten!
Dies wird im Bundesgesetz über den Schutz der Tiere (kurz: Tierschutzgesetz, TSchG) § 5 (1) in Verbindung mit § 5 (2) Nr. 3 klar geregelt[2)]:

„Verbot der Tierquälerei
§ 5. (1) Es ist verboten, einem Tier ungerechtfertigt Schmerzen, Leiden oder Schäden zuzufügen oder es in schwere Angst zu versetzen.
(2) Gegen Abs. 1 verstößt insbesondere, wer (....)
3. a) Stachelhalsbänder, Korallenhalsbänder oder elektrisierende oder chemische Dressurgeräte verwendet oder
b) technische Geräte, Hilfsmittel oder Vorrichtungen verwendet, die darauf abzielen, das Verhalten eines Tieres durch Härte oder durch Strafreize zu beeinflussen."
c) Halsbänder mit einem Zugmechanismus verwendet, der durch Zusammenziehen das Atmen des Hundes erschweren kann; (...)"

Auch in Deutschland ist der Einsatz von Stromreizgeräten in der Hundeausbildung ganz klar verboten!

Gemäß § 3 (5) des deutschen Tierschutzgesetzes (TierSchG)[3] ist es verboten, „ein Tier auszubilden oder zu trainieren, sofern damit erhebliche Schmerzen, Leiden oder Schäden für das Tier verbunden sind".

Eine genaue Definition, was unter „erheblichen" Schmerzen verstanden wird, wo die Grenze zu „unerheblichen" Schmerzen ist und wie diese von Behörden bewertet werden sollen, fehlt leider (würde mich aber sehr interessieren!).

§ 3 (11) TierSchG geht mehr ins Detail und besagt, dass es verboten ist, „ein Gerät zu verwenden, das durch direkte Stromeinwirkung das artgemäße Verhalten eines Tieres, insbesondere seine Bewegung, erheblich einschränkt oder es zur Bewegung zwingt und dem Tier dadurch nicht unerhebliche Schmerzen, Leiden oder Schäden zufügt, soweit dies nicht nach bundes- oder landesrechtlichen Vorschriften zulässig ist".

Nach Stand vom 25.10.2016 gibt es solche Vorschriften nicht.[8] Wenn man es genau nimmt, kann man auch bei dieser Formulierung hinterfragen, wann die Bewegung „erheblich" eingeschränkt wird oder was „nicht unerhebliche Schmerzen" sind. Klarheit brachte jedenfalls ein Urteil des Bundesverwaltungsgerichts im Jahr 2006 (BVerwG 3 C 14.05)[9]:

„Der Einsatz von Elektroreizgeräten, die erhebliche Leiden oder Schmerzen verursachen können, für Zwecke der Hundeausbildung ist gemäß § 3 Nr. 11 TierSchG verboten. Dabei kommt es nicht auf die konkrete Verwendung der Geräte im Einzelfall, sondern darauf an, ob sie von ihrer Bauart und Funktionsweise her geeignet sind, dem Tier nicht unerhebliche Schmerzen zuzufügen.
Urteil des 3. Senats vom 23. Februar 2006 - BVerwG 3 C 14.05"

Was Stachel- bzw. Korallenhalsbänder betrifft, sieht die Situation in Deutschland leider anders aus. Die Verwendung ist nicht explizit verboten, sondern es wird in diesem Fall auf § 3 (5) TierSchG verwiesen, der das Zufügen von erheblichen Schmerzen beim Training verbietet.
In einer mir vorliegenden Stellungnahme des Bundesministeriums für Ernährung und Landwirtschaft vom 25.10.2016[8] heißt es wie folgt:

„Bei Stachelhalsbändern und Korallenhalsbändern besteht ebenso wie bei bestimmten anderen Erziehungshilfsmitteln bei falscher Anwendung (z.B. unsachgemäß häufige oder starke Einwirkung) die Möglichkeit, dass Hunden Schmerzen, Leiden oder Schäden im Sinne des § 3 Nummer 5 des Tierschutzgesetzes zugefügt werden.
Derartige tierschutzwidrige Erziehungsmethoden können von den für den Vollzug des Tierschutzgesetzes zuständigen Behörden der Länder (in der Regel den Veterinärämtern) einzelfallbezogen unterbunden und auf der Grundlage von § 18 Absatz 1 Nummer 4 in Verbindung mit Absatz 4 des Tierschutzgesetzes mit einer Geldbuße von bis zu fünfundzwanzigtausend Euro geahndet werden."

Die Problematik liegt hier in der praktischen Anwendung der Rechtsvorschriften: Dadurch dass diese Halsbänder nicht explizit verboten sind, müsste jeder Einzelfall geprüft werden, ob in diesem jeweiligen Fall dem Tier erhebliche Schmerzen zugefügt worden sind. Zunächst müsste also der Verstoß gegen das Tierschutzgesetz jemandem auffallen, dann müssen die Behörden informiert werden, diese müssen prüfen usw. Das bedeutet Aufwand und Arbeit.

Kennen Sie den Spruch: Wo kein Kläger, da kein Richter? Schön und gut, was da so geschrieben steht, aber wer kümmert sich um die Durchsetzung, den sogenannten „Vollzug" des Tierschutzgesetzes? Wen interessiert es denn, wenn da mal jemand vorbeigeht, der mit einem Stachelhalsband unsachgemäß arbeitet? Wird derjenige darauf angesprochen? Wird der Vorfall den zuständigen Behörden gemeldet? Oder schaut man etwas pikiert weg?

Was bedeutet dieses Hintergrundwissen nun für Sie persönlich? Das lässt sich ganz einfach zusammenfassen: Sollte Ihnen ein Trainer zu solchen Maßnahmen raten – Finger weg, und zwar sowohl von diesen Mitteln als auch vom Trainer!

Ich hoffe, dass ich Sie mit diesem kurzen Ausflug in die Welt der Paragraphen nicht gelangweilt habe. Da Tierschutz für mich jedoch auf verschiedenen Ebenen ausgeübt werden muss, gehört auch die Welt der Gesetze und Rechtsprechung dazu. Manche Dinge passieren oft durch Unwissenheit, deshalb bin ich der Ansicht, dass **Wissensvermittlung** einen **wesentlichen Beitrag zum Tierschutz** leistet, und Ausreden gibt es dann keine mehr.

Gewalt führt also ganz sicher nicht zum Ziel, wenn es um den Beziehungsaufbau zu Ihrem Tierschutzhund geht. **Schritt für Schritt** erarbeiten Sie sich das Vertrauen Ihres Hundes – und damit beginnen Sie durch die Arbeit an sich selbst.

Der verantwortungsvolle Hundehalter

Ich suche nach dem richtigen Bild zum Einstieg, damit Sie sich vorstellen können, worum es mir in diesem Kapitel geht – aber ich weiß nicht, welches der vielen ich auswählen soll! Wie oft passiert es, dass man auf andere Hundehalter oder auch Nicht-Hundehalter trifft, wo es an Toleranz, Höflichkeit, Voraus- und Rücksicht mangelt. Zusammentreffen, die mithilfe ein wenig guten Willens sowie gegenseitigen Respekts problemlos zu bewältigen wären, arten dann in Hahnenkämpfe aus. Und wer ist der Leidtragende? Hunde und Menschen. Jeder möchte ein wenig ungestörte Zeit verbringen oder seinen Erledigungen nachgehen. Stressige Konfrontationen können einem da den ganzen Tag vermiesen. Deswegen ersuche ich alle Beteiligten, sich an die eigene Nase zu fassen und zunächst an sich selbst zu arbeiten. Machen Sie den ersten Schritt.

Ich stelle es mir gerade bildlich vor: Ich gehe mit unseren Hunden spazieren. Da kommt uns eine Dame mit einem angeleinten kleinen Westie entgegen – was gäbe das für ein schönes Bild, wenn ich mein Rudel einfach machen lassen würde unter dem Deckmantel „Das machen die eh unter sich aus ...". (Kommt Ihnen der Ausspruch vielleicht bekannt vor? Schon einmal gehört? Oder gar selbst verwendet?) Nein, nein und nochmals nein. So geht das gar nicht. Mögen Sie jeden, den Sie zufällig an der Straßenecke treffen? Wie viel Zeit bräuchten Sie, diesen Menschen einmal halbwegs kennenzulernen, um sich ein Bild von ihm machen zu können? Also: Es muss nicht jeder jeden mögen, schon gar nicht auf so engem Raum, den wir unseren Tieren bieten können! Damit liegt es am Hundehalter, eine **Komfortzone** für sich, seine Tiere und andere Beteiligte (Mensch wie Tier) zu schaffen!

Sie werden oft genug in Situationen kommen, wo andere (Menschen) falsch reagieren. Behalten Sie den Fokus auf sich und Ihren Hund. Bleiben Sie in Balance, atmen Sie weiter, improvisieren Sie. Wenn eine Situation nicht mehr optimal gelöst werden kann, dann geht es um Schadensbegrenzung: 1. Sicherheit gewährleisten (von Mensch und Tier), 2. ruhig bleiben, dem eigenen Tier Souveränität vermitteln, 3. wenn Sie die Möglichkeit haben: Reden Sie mit dem anderen! Nur durch Aufmerksam-Machen und Informationsaustausch hat man die Möglichkeit, für die Zukunft etwas zu verändern.
Gehen Sie nicht davon aus, dass Ihr Gegenüber weiß, was Sie bzw. Ihr Hund gerade brauchen (meistens ist es einfach ein wenig mehr Zeit, um noch etwas zu richten, und Abstand) – ersuchen Sie um einen Augenblick Geduld, wenn Sie noch an der Leine hantieren, und um die Wahrung einer gewissen Distanz! Weisen Sie daraufhin, dass Ihr Hund das braucht. Viele Hundehalter gehen davon aus, dass es reicht, wenn ihr eigener Hund kein Problem mit gewissen Situationen, Zusammentreffen, anderen Hunden, fremden Menschen usw. hat, denken aber nicht daran, dass diese Dinge für andere Hunde sehr wohl stressbehaftet sein können!

Wichtig!

- Fokus auf die eigene Körpersprache und das Verhalten des eigenen Hundes
- In Balance bleiben
  (Beine hüftbreit auseinanderstellen, Knie leicht beugen)
- Atmen
- Improvisieren! (Nehmen Sie eine Bank, die gerade am Weg liegt, als Hindernis zum Splitten; Vermitteln Sie Ihrem Hund durch Ihr eigenes Bild im Kopf, dass es sich um eine Trainingssituation handelt, nicht um einen Ernstfall.)

Die elf Gebote für den Hundehalter

1. **Wenn ein Hund angeleint ist, hat das seinen Grund.** Halten Sie bitte Abstand, weichen Sie aus. Ausweichen kann auch bedeuten, dass ich kurz stehenbleibe und ein bisschen mehr Raum oder auch Zeit (!) gebe.

2. **Gehen Sie vorausschauend.** Wenn Sie sehen, dass der Weg sich verjüngt und jemand auf Sie zukommt, warten Sie doch einfach davor. Nehmen Sie Ihren Hund auf die äußere Seite, splitten Sie mit Ihrem Körper (das heißt, stellen Sie sich zwischen Ihren Hund und den entgegenkommenden Menschen oder das Mensch-Hund-Gespann), und achten Sie darauf, dass Ihr Hund den anderen nicht fixiert (also direkt anstarrt). Atmen nicht vergessen!

3. **Nehmen Sie Ihrem Hund die Verantwortung ab.** Der Großteil unserer Hunde heute ist Sozial- und Freizeitpartner. Als solcher ist es nicht seine Aufgabe, uns draußen zu beschützen. Gerade ein Tierschutzhund könnte in einer ungewohnten Umgebung, in einer stressigen Situation mit einer solchen Aufgabe völlig überfordert sein. Helfen Sie ihm, indem Sie ganz klar kommunizieren, dass Sie die Situation im Griff haben, auf ihn und seine Bedürfnisse achtgeben und dass Sie wissen, was zu tun ist. Dazu gehört auch, dass man den Hund nicht einfach gewähren lässt, wenn er in der Leine hängt, wenn Ihnen jemand entgegenkommt – und Sie dann auch noch an der engsten Stelle mit dem sich am Halsband strangulierenden Hund stehenbleiben und noch selbst schauen, wer da so an Ihnen vorbeigeht. Was soll denn Ihr Hund dann anderes machen, als sich denjenigen auch ganz genau anzuschauen (und damit den direkten Blickkontakt zu forcieren)? Wenn Ihr Hund auf Begegnungen mit anderen Hunden so reagiert wie eben beschrieben, holen Sie sich bitte professionelle Unterstützung! Der massive Druck über die Leine und das Halsband kann zu körperlichen Schäden führen – und beeinträchtigt die Mensch-Tier-Beziehung.

4. **Bleiben Sie flexibel.** Der Hund kann z.B. auf beiden Seiten geführt werden. Jede Situation verlangt eine andere Reaktion.

5. **Nehmen Sie Rücksicht.** Meistens kennen Sie Ihr Gegenüber (Mensch wie Hund) nicht! Sie wissen nichts über körperliche Befindlichkeiten, Trainingszustand, Geschichte, Erfahrungen. Gehen Sie davon aus, dass der andere Sie nicht absichtlich ärgern will.

6. **Urteilen Sie nicht.** Beobachten Sie die Körpersprache der Menschen und Tiere. Registrieren Sie Veränderungen. Nutzen Sie Ihre Beobachtungen, um sich und Ihren Hund entsprechend vorzubereiten, aber werten Sie nicht.
   „Nur" zu beobachten und sich nicht gleichzeitig eine Meinung über das Gesehene zu bilden bzw. zu (ver)urteilen, liegt nicht in der menschlichen Natur. Sehr vielen Tierbesitzern fällt es mehr als schwer, neutral darüber zu berichten, was sie an ihrem Hund sehen, wenn sie dazu aufgefordert werden. Vielmehr werden sofort Eigenschaften wie zufrieden, glücklich, unglücklich, traurig verwendet. Aber woran wird das festgemacht? Deswegen ist es mir sehr wichtig, dass Sie die folgende Übung regelmäßig mit Ihrem Hund oder auch mit fremden Tieren durchführen.

Praktische Übung

Wenn Sie das nächste Mal auf die Straße hinausgehen, beobachten Sie einen Hund. Wie bewegt er sich? Gleichmäßig? Wie ist die Körperhaltung? Aufrecht? Geduckt? Wie trägt er die Rute? Bewegt sie sich? Was machen die Ohren? Können Sie muskuläre Anspannung im Körper erkennen? Wie sehen die Augen aus? Und die Stirn? Liegt sie in Falten? Zieht er an der Leine? Das alles sind Beobachtungen. Was haben Sie sich bei dieser Übung gedacht? Der Hund ist glücklich? Er hat Spaß? Er ist unerzogen? Das sind Beurteilungen, aber keine Beobachtungen.

7. **Bleiben Sie ruhig.** Üben Sie in Routinesituationen gelassen zu bleiben. Speichern Sie dieses Gefühl der Entspannung, der ruhigen Atmung und der Aufmerksamkeit und rufen Sie es ab, wenn einmal etwas anders als geplant verlaufen sollte! Hysterie bringt nichts.

Praktische Übung

Wenn Sie das nächste Mal in eine stressige Situation kommen, halten Sie kurz inne. Konzentrieren Sie sich auf Ihre Körpermitte, atmen Sie dorthin. Atmen Sie bewusst aus und ein. Entspannen Sie Ihre Augen, Ihre Kiefergelenke, die Stirn und lassen Sie, wenn möglich, die Arme hängen. Analysieren Sie die Situation: Was macht gerade Stress? Die Uhrzeit? Andere Menschen? Die Tagesplanung? Atmen Sie beim Gedanken daran weiter. Fokussieren Sie sich auf das, was Sie gerade tun. Setzen Sie einen Schritt vor den anderen. Kommen Sie im Augenblick an. Fokussieren Sie sich auf die nächste Tätigkeit. Holen Sie sich die Macht über Ihre Handlungen zurück und bestimmen Sie bewusst, was Sie als Nächstes tun.

Stellen Sie sich vor, Sie sitzen in einem Boot, das vom Sturm auf einem Fluss weitergetrieben wird. Sie schlingern, es wird Ihnen übel, Sie können sich kaum festhalten. Dann richten Sie sich auf, atmen einige Male tief ein und aus, nehmen das Ruder in die Hand und halten es fest. Sie konzentrieren sich auf die nächste Engstelle, fokussieren sich aber nicht auf die Engstelle selbst, sondern auf den Bereich dahinter. Sie können Ihre Stärke spüren und wissen, dass Sie es schaffen. Sie fühlen die Erleichterung und die Freude schon vorher.
Das heißt, wenn Sie in Zukunft mit Ihrem Hund in eine angespannte Situation kommen: Sammeln Sie sich, entspannen Sie sich aktiv und atmen Sie bewusst. Die Auswirkungen auf Ihren Hund werden sofort spür- und sichtbar sein. Treffen Sie eine Entscheidung, welchen Schritt Sie als Nächsten tun möchten, fokussieren Sie darauf und machen Sie ihn!

8. **Entschuldigen Sie sich.** Wir alle sind nicht fehlerfrei. Es kann immer etwas passieren. Eine kleine Entschuldigung auf den Lippen kostet Sie nichts – aber ist so immens wichtig für das Klima zwischen Hundehaltern bzw. zwischen Hundehaltern und Joggern, Radfahrern, Spaziergängern usw.

9. **Fragen Sie, bevor Ihr Hund direkten Kontakt zu einem anderen Hund aufnimmt.** Lassen Sie Ihren Hund nicht einfach auf einen anderen zustürmen (schon gar nicht an der Leine!). Geben Sie Ihrem Gegenüber Zeit, reagieren zu können.

10. **Schweigen ist Silber, Reden ist Gold.** Reden Sie mit anderen Hundehaltern und Ihren Mitmenschen. Erzählen Sie von Ihrer Arbeit mit Ihrem Tier, von Ihren Fortschritten, davon, dass Hunde in vielen Ländern nach wie vor misshandelt werden. Fragen Sie nach den Bedürfnissen Ihres Gegenübers und erklären Sie Ihre und die Ihres Hundes. Nur so kann Verständnis und Toleranz entstehen. Geben Sie ausreichende Informationen und seien Sie unvoreingenommen. Seien Sie jedoch bitte nicht enttäuscht, wenn sich ein Gespräch nicht in Ihrem Sinne entwickelt. Bleiben Sie höflich und beenden Sie es, wenn Sie merken, dass man nicht auf gegenseitiges Interesse stößt. Bleiben Sie bei sich und Ihrem Hund und lassen Sie los.

11. **Grüßen Sie** – und Sie werden merken, wie gut diese Form der Wertschätzung und der Höflichkeit bei Ihrem Gegenüber ankommt! Einige werden freundlich zurückgrüßen, manche werden jedoch auch überrascht sein, dass heutzutage überhaupt noch gegrüßt wird, manche werden einfach wegschauen. Trotzdem verändern Sie dadurch etwas. Natürlich können Sie nicht jeden grüßen, dem Sie in der Stadt begegnen, aber beim Spaziergang im Wald, auf dem Feldweg oder abends, wenn nicht viel los ist. Fangen Sie einfach damit an und der erste Schritt für ein toleranteres und einfacheres Zusammenleben basierend auf gegenseitigem Respekt ist gemacht!

Das alltägliche Handling

Hunde sind unendlich geduldige und tolerante Lebewesen – doch nur, weil sie in ihrer Sprache unhöfliche und respektlose Kontaktaufnahme durch den Menschen akzeptieren, heißt das noch lange nicht, dass sie diesen Kontakt auch genießen. Berührung ist etwas, das richtig eklig sein kann, wenn sie unbewusst gemacht wird. Sie kennen das doch. Es gibt diese Menschen, die sich immer näher heranschieben, obwohl man schon wegrückt. Die noch näher kommen, sich dann auch noch vorbeugen, obwohl man schon nicht mehr ausweichen kann. Oder die lieben Verwandten, die ständig an einem herumzupfen. Wie fühlen Sie sich dabei? Finden Sie es in Ordnung oder ist es unangenehm? Wollen Sie die Hände nicht manchmal einfach abschütteln und ein bisschen Abstand schaffen, um wieder besser Luft holen zu können? Genießen Sie es, wenn sich ständig irgendjemand an Ihrem Kopf, Ihren Armen oder Ihrem Rücken zu schaffen macht? Oder verkrampfen Sie sich dabei etwas, halten die Luft an und würden gern weggehen? Und jetzt versetzen Sie sich bitte in Ihren Hund, in seine Perspektive – manchmal umzingelt von grapschenden Händen, wegducken reicht nicht, die Hand kommt immer wieder und patscht am Kopf herum. Kein Beschwichtigungssignal der Welt kommt da dagegen an ...
Berücksichtigen Sie das **individuelle Nähebedürfnis** Ihres Hundes. Bei manchen Tieren kann es auch ein **Distanzbedürfnis** sein. Es gibt Hunde, die von Streicheleinheiten und Aufmerksamkeit nicht genug bekommen können. Es gibt aber auch Hunde, die es genießen, ihre Ruhe zu haben,

Wichtig!

Welche Kontaktaufnahme ist für einen Hund höflich und respektvoll?

1. Nähern Sie sich nicht von vorne, sondern von der Seite.
2. Schauen Sie Ihrem Hund nicht direkt in die Augen. Fokussieren Sie ihn nicht, machen Sie Ihren Blick weich und schauen Sie etwas vorbei.
3. Beugen Sie sich nicht über ihn!
4. Tätscheln Sie ihn nicht einfach von oben auf dem Kopf, sondern beginnen Sie, die Brust hinauf Richtung Unterkiefer zu streicheln – von unten nach oben. Damit folgen Sie in diesem Bereich auch gleich dem Energiefluss. Sie stimulieren die Yin-Seite des Hundes. Damit beruhigen Sie ihn mehr, als wenn Sie sich oben an Kopf und Rücken zu schaffen machen.
5. Das Streicheln mit dem Handrücken wirkt generell weniger bedrohlich als mit der Handfläche.

auch mal allein zu sein. Bei Angsthunden gilt hier wieder der goldene Mittelweg. Ähnlich wie beim Thema Abschottung (siehe Kapitel „Raum geben – Rahmen geben") ist es auf der einen Seite wichtig, eine Reizüberflutung zu verhindern und dem Hund die nötige Ruhe zu gewähren. Auf der anderen Seite ist es aber auch wichtig, die **bewusste Berührung** zu trainieren. Den Hund berühren zu können, gehört zu den **sicherheitsrelevanten Übungen**. Es ist jedoch wesentlich, dass Sie zwischen einer achtsamen, höflichen Berührung und einer unbedachten, vielleicht sogar drohenden Annäherung unterscheiden lernen. Erst wenn einem diese Unterschiede bewusst sind, können spezielle Situationen geübt werden.
Vergessen Sie auch nicht, auf Ihre eigene Sicherheit zu achten! Setzen Sie sich niemals einfach neben ein Tier, dessen Reaktionen Sie nicht einschätzen können. Wenn Sie sich hinknien, dann bitte nur auf ein Knie, der andere Fuß bleibt auf dem Boden stehen. So können Sie jederzeit schnell aufstehen, wenn nötig.
Diese Punkte gelten nicht nur für Hunde, die Sie treffen, sondern ganz besonders für Ihren eigenen Hund! Gerade beim eigenen Tier vergisst man oft diese Aspekte der höflichen Annäherung. Ein Beispiel ist das tägliche Fertigmachen für die Gassirunde. Haben Sie sich schon selbst dabei beobachtet, wie Sie Ihrem Hund das Halsband/Brustgeschirr anlegen? Wie gehen Sie auf Ihren Hund zu? Direkt von vorne? Stülpen Sie dann einfach das Brustgeschirr über den Kopf? Oder nähern Sie sich seitlich, wenden Ihren Kopf in die gleiche Richtung, in die Ihr Hund schaut? Klimpern Sie mit den Verschlüssen vor seinen Ohren oder schließen Sie die Karabiner sanft?

Praktische Übung

Beobachten Sie bei zukünftigen Hundebegegnungen Ihre eigene Körpersprache. Beugen Sie sich über den Hund? Werden Sie von ihm zum Streicheln aufgefordert oder gehen Sie gleich direkt auf ihn zu und tätscheln ihn am Kopf? Wie reagiert der Hund auf Ihre Annäherung? Legt er die Ohren an? Dreht den Kopf weg? Duckt er sich unter Ihrer Hand weg? Weicht er ein paar Schritte zur Seite aus? Beginnt er zu hecheln? Oder kommt er Ihnen entspannt entgegen?

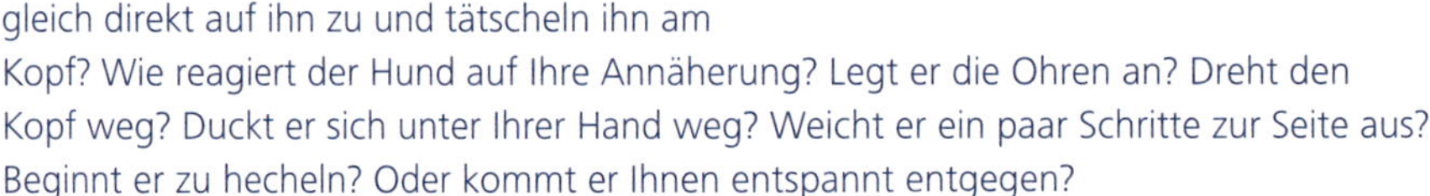

Manche Trainer ermuntern die Hundebesitzer, den Hund irgendwie anzufassen und zu tätscheln, denn der Hund müsse das ja gewohnt werden/sein. Sie argumentieren mit dem Sicherheitsaspekt. Nun ja: Ja und nein! Ja, es ist wichtig, dass ein Hund auch auf unsachgemäßes Handling trainiert wird, da es trotz der größten Vorsicht immer wieder Menschen geben wird, die einen fremden

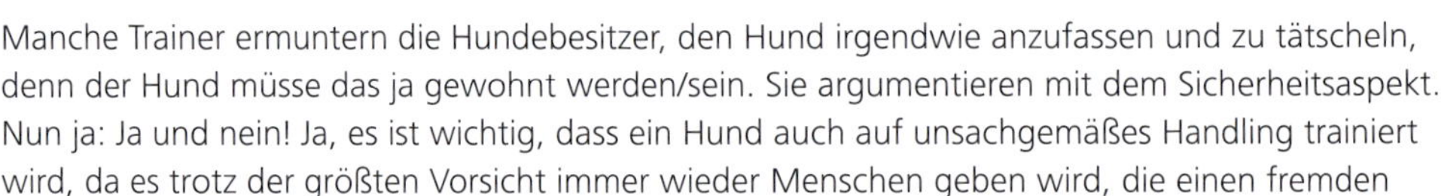

Hund einfach anfassen, Kinder, die einfach vorbeigelaufen kommen usw. Ja, ich bin ebenfalls der Meinung, dass „unsachgemäßes Handling" in den Trainingsplan aufgenommen werden muss – aber immer mit dem Bewusstsein, dass dies eine Herausforderung für den Hund darstellt und eine tolerante Reaktion seitens des Hundes entsprechend positiv verstärkt gehört. Nichtsdestotrotz ist es meine Aufgabe als Hundehalter, so respektvoll wie möglich mit meinem Tier umzugehen – und dazu gehört, dass ich es z.B. nicht absichtlich von oben auf den Kopf patsche, mich frontal annähere, mich über es beuge und mich einfach wie ein Raubtier benehme. Anregungen zum Thema sicherheitsrelevante Übungen finden Sie im gleichlautenden Unterkapitel.

Zum alltäglichen Handling gehören natürlich Routineaktivitäten wie die Fütterung. Hier gilt es Folgendes zu beachten: Nur weil der Hund daheim bei seinen Bezugspersonen schon vertrauensvoll und sicher ist, heißt das nicht, dass er mit jemand anderem schon genauso vertraut ist. Es kann große Überraschungen geben, wenn mal jemand anderer den Hund am Abend füttern muss! Bedenken Sie bitte in Ihrer Planung: Ein traumatisierter Hund bleibt ein traumatisierter Hund, man muss sich darauf einstellen.
Vieles wird zwar mit der Zeit leichter. Ihr Hund lernt neue Verhaltensweisen kennen und nutzt diese öfter als die alten. Neue Muster entstehen. Trotzdem gibt es Auslöser, die wieder Altes hervorbringen können. Ihr scheinbar souveräner Hund kann dann plötzlich wieder das bibbernde Elend mit Herzklopfen sein, das sich an die Wand drückt.

Trainingsgrundlagen

Ganz ehrlich? Vor diesem Kapitel habe ich mich gefürchtet - oh ja! Und ich habe es so lange wie möglich hinausgezögert, es zu schreiben. Hundetraining! Wie viele Meinungen gibt es dazu! Methoden, Emotionen, Experten, Möchtegern-Experten, Studien, Bücher, Erfahrungen, internationale Trainer, Kongresse, Seminare, Workshops, Verhaltenstherapeuten, Medikamente, tierschutzrelevante Eingriffe – die Wogen können bei diesem Thema ganz schön hochgehen! Fakten vermischen sich mit Emotionen, Wissen mit Halbwissen, sachliche Beobachtungen mit Bewertungen.
Aber warum ist das so? Weil der Hund als unser Begleiter ganz tief verwurzelte Muster anspricht. Jeder Mensch reagiert auf bestimmte Themen mehr als auf andere. Manches lässt uns kalt, während wir bei anderen Dingen sofort von 0 auf 180 sind. Unsere Hunde leben so eng mit uns zusammen und reagieren so direkt auf kleinste Veränderungen in Körpersprache, Tonfall, Muskelanspannung und Atmung, dass sie uns in der Sekunde Feedback über uns selbst geben. Die Beziehung zu unserem Hund ist daher etwas sehr Persönliches – denn manchmal scheint es, hat nur er Einblick in unsere Seele. Und immer, wenn es um unsere Emotionen geht, um unsere Werte und unsere eigenen Themen, die bearbeitet werden wollen, haben wir das Bedürfnis, in eine Verteidigungshaltung überzugehen. Was es uns wiederum erschwert, sachlich und objektiv zu bleiben sowie bereit zu sein, die eigenen Handlungen und Denkmuster zu überprüfen.

Bitte sehen Sie das Zusammenleben mit Ihrem Hund immer als Chance – auch wenn es Situationen geben mag, die für Sie herausfordernd und anstrengend sind. Ich sage es Ihnen in aller Deutlichkeit: Es gibt keine Hundetrainer-Götter. Jeder macht Fehler, jeder bringt seine eigenen Muster mit, jeder muss laufend an sich selbst arbeiten.

Aber genau das macht gutes Hundetraining aus:
- Die Erfahrung, wie man aus Fehlern lernt
- Wie man Besitzer und Hund auch bei Rückschlägen weiterhin motiviert
- Das Bewusstsein, dass oft individuelle Lösungen gesucht und gefunden werden müssen
- Der Respekt vor allen Lebewesen

Lassen Sie sich nicht von Äußerlichkeiten täuschen! Ich gebe Ihnen ein kleines Beispiel: Jemand trainiert Hunde, hat speziell mit Tierschutzhunden viel Erfahrung, wirkt kompetent und sympathisch – und kommt dann doch glatt mit einer „Furie" als eigenem Hund daher, der mit Mühe und Not zu halten ist, wenn auch gerade mal 8 kg schwer. Nein, also wirklich, kann man von so jemandem Verbesserungen erwarten? Ja! Können Sie. Sprechen Sie doch mit demjenigen über das Tier, das Sie gerade gesehen haben! Was? Auch ein Hund aus dem Tierschutz? Wie, man weiß gar nicht, wo der herkommt? Gefunden wurde er? Einfach im Wald ausgesetzt? An einem Baum angebunden mit verknoteter Leine? Total verängstigt? Abgemagert? Hinterlässt vor lauter Angst ständig irgendwo eine Pfütze? Schrecklich.

Na, dann ist ja alles klar. Gut, dass er jetzt in kompetenten Händen ist, wo man versucht, ihm ein geborgenes Lebensumfeld zu geben. Verstehen Sie, was ich meine? Hören Sie auf Ihr Gefühl, aber fragen Sie auch nach! Holen Sie sich die relevanten Informationen, die Sie für Ihre Entscheidungen benötigen, und verurteilen Sie nicht von Vornherein ohne Hintergrundwissen.
Wie soll sich nun ein Hundebesitzer, der einfach nur ein gutes und vertrauensvolles Verhältnis zu seinem vierbeinigen Familienmitglied haben möchte, da zurechtfinden?
Ich muss Ihnen sagen: Es ist eigentlich ganz leicht. Sie müssen den Weg wählen, der Ihnen leichtfällt! Damit meine ich nicht, dass auf Sie keine Arbeit zukommt, dass der Ball nicht bei Ihnen ist, die Beziehung zu Ihrem Hund zu vertiefen. Aber: Eine Methode ist nur so gut, wie sie auch angewendet wird! Gewisse Trainingsansätze mögen ja auf dem Papier toll klingen, aber wenn diese Sie nicht mitreißen, wenn Sie dauernd vergessen, dass Sie eigentlich noch das und das hätten üben sollen, wenn Sie nicht motiviert sind, mit Ihrem Hund zu arbeiten – dann müssen Sie etwas verändern.
Nein, das ist ganz sicher kein Freibrief für Faulheit. Ich hoffe, wir verstehen uns da richtig! Es ist nur ausschlaggebend, dass Sie sich persönlich angesprochen und verstanden fühlen. Sie müssen einen Weg aufgezeigt bekommen, den Sie gehen können. Was nutzt es Ihnen, wenn Sie einen

verstauchten Knöchel haben, wenn Ihnen jemand den Weg zu einem tollen Klettersteig zeigt, über den Sie um einiges schneller an Ihrem Ziel wären, wenn Sie ihn doch nicht schmerzfrei gehen können? In der Mitte des Weges würden Sie sich hinsetzen und keinen Schritt mehr weitergehen wollen. Dann nehmen Sie lieber doch den einfacheren Spazierweg, der möglicherweise länger dauert und auf dem Sie andere Dinge sehen werden als auf dem Klettersteig, der aber genauso zum Ziel führt – und den Sie mit Ihren gegebenen Möglichkeiten auch tatsächlich bis zum Ende gehen können! Ich kann Ihnen nicht innerhalb eines kleinen Buches das komplette Wissen, die Erfahrung und die Beobachtungsgabe vermitteln, die das Training von Hunden mit einer besonderen Vergangenheit benötigt. Aber ich kann Ihre Aufmerksamkeit zu den wichtigsten Themen lenken und das Bewusstsein für die wesentlichen Trainingsaspekte fördern.

Wie fühlen Sie sich?

Ich würde gerne wissen, wie Sie sich im Moment fühlen. Tut Ihnen etwas weh? Macht Ihnen etwas Kopfzerbrechen? Haben Sie Sorgen? Stress in der Firma? Sind Sie überfordert? Oder unterfordert? Haben Sie ausreichend geschlafen? Sind Sie entspannt? Was mich das eigentlich angeht? Nichts – aber Ihren Hund!

Viele Stresssituationen mit Hunden haben ihren Ursprung in der Befindlichkeit des Halters. Wie bereits deutlich gemacht, haben Anspannung, Atmung, anstehende Termine, berufliche Herausforderungen usw. deutliche Auswirkungen auf Ihre Körpersprache und geben damit sofortige Signale an Ihren Hund!

Die wahre Herausforderung für uns Menschen liegt darin, fair und zentriert zu bleiben, wenn es uns nicht gut geht.

Es liegt an Ihnen, sich selbst richtig einschätzen zu lernen. Ihre eigenen Möglichkeiten korrekt zu definieren und dementsprechend zu handeln. Wenn Sie zu einem Zeitpunkt X nicht in der Lage sind, Ihre Atmung und Körpersprache zu kontrollieren, wenn Sie unfair werden, weil Sie unter Druck sind, oder keine Kraft für authentisches und konsequentes Verhalten haben, dann machen Sie unbedingt eine Trainingspause! Gehen Sie die nötigen kurzen Gassirunden und belassen Sie es für diesen Tag dabei. Auch dieser Punkt fällt unter die viel zitierte Eigenverantwortung!

Darf man einen Hund führen?

Das Wort Führung hat mittlerweile bei vielen einen schlechten Beigeschmack oder ist überhaupt verpönt. Stattdessen werden Begriffe wie „Leadership", „Partnerschaft" usw. verwendet.
Auch auf die Gefahr hin, dass es jetzt möglicherweise Aufschreie von verschiedenen Menschen gibt: Nein, unser Hund ist nicht gleichberechtigter Partner – und ich erkläre gleich auch warum.
Wir leben in einer Welt, in der der Mensch immer mehr Eingriffe in die Natur vornimmt. Er versucht, sie zu beherrschen, sie gefügig zu machen, sie nach seinen Vorstellungen umzugestalten.

Es geht leider nicht mehr darum, mit der Natur und den tierischen Mitbewohnern in Einklang und Harmonie zu leben, in einem fairen Nebeneinander. Wer das versucht, hat es mittlerweile in unseren Breiten schon ziemlich schwer. (Trotzdem zahlt sich jeder Schritt in diese Richtung aus und ich möchte Sie hiermit ermutigen, Ihr Zusammenleben mit Ihrem Vierbeiner bewusst und achtsam zu gestalten!)
Unser heutiges Leben ist geprägt von Lärm, Straßen, Verkehr, Chemikalien (vom Streusalz im Winter bis hin zu den eingesetzten Pestiziden in den Weingärten bei der Gassirunde), Enge, Entfremdung von der Natur und ihren (für uns lebenswichtigen) Ressourcen. Kinder benötigen jahrelanges Training, um sich in diesem Umfeld zurechtzufinden. Jetzt stellen Sie sich bitte vor, wie es Ihrem Tierschutzhund da geht! Er braucht Ihre Übersicht, Ihre Klarheit, Ihre Verlässlichkeit und Ihr vorausschauendes Handeln, um Gefahr für Leib und Leben minimal zu halten. Es ist somit Ihre **Aufgabe** zu führen!
Sie können nicht an der Kreuzung stehen und Ihrem Hund die Entscheidung überlassen, ob Sie jetzt bei Rot oder Grün über die Straße gehen. Sie wissen Dinge, die Ihr Hund nicht wissen kann, und deshalb ist es Ihre Verantwortung, ihn gewissenhaft anzuleiten, wie er sich am besten in unserer Welt zurechtfinden kann. Dadurch senken Sie das Stresslevel so gut es geht und verhindern mögliche Schäden. Das verstehe ich unter verantwortungsvoller Hundeführung. Und ich möchte Sie dazu ermutigen, diese Position klar einzunehmen.

Sehen Sie sich als Freund Ihres Hundes. Freunde geben Sicherheit. Freundschaft bedeutet nicht, den anderen im luftleeren Raum „hängen zu lassen" und ihm immer seinen Willen zu erfüllen. Ein Freund ist Stütze, Austauschpartner, Verlasspartner, Tröster und Gegenpol! Er darf auch einmal nein sagen, Grenzen ziehen und Regeln aufstellen. Nur weil er das tut, ist er nicht böse oder ein schlechter Freund – im Gegenteil: Wenn ich mich zu 100 Prozent auf ihn und sein Wort verlassen kann, ist er der Fels in der Brandung.

Selbstständigkeit oder Abhängigkeit?

Wenn Sie einmal das Vertrauen eines Tierschutzhundes gewonnen haben, ist das ein unbeschreibliches Gefühl, doch es ist wichtig, den Fokus der Ausbildung und Begleitung Ihres Hundes nicht zu verlieren. Worauf kommt es an? Was ist das Ziel? Es tut der Seele gut, wenn man einem Tier, das zuvor zitternd und bibbernd in der Ecke gesessen ist, so viel Vertrauen vermitteln kann, dass es freiwillig und gern die Nähe seines Menschen sucht. Doch Vorsicht: Das Verhältnis Ihres Hundes zu Ihnen darf nicht in eine Art von Abhängigkeit rutschen! Folgt Ihr Hund Ihnen aus Angst vor dem Alleinsein? Aus Angst vor den Dingen, die da rundherum auf ihn lauern? Sieht er sich in der Verantwortung und versucht deshalb Kontrolle auszuüben? Oder freut er sich des Lebens und auf die gemeinsamen Abenteuer? Möchte er gemeinsam mit Ihnen etwas erleben?

Abhängigkeit schafft Unsicherheit.

Trainingsziel muss es sein, Ihren Hund aus der Angst und der daraus resultierenden Abhängigkeit herauszuführen, sein Selbstbewusstsein zu fördern. Das bedeutet natürlich nicht, dass Ihr Hund lernen soll, zu tun und zu lassen, was er möchte! Er soll die Möglichkeit bekommen zu kommunizieren, was er möchte – oder eben auch nicht möchte. Er soll selbstbewusst genug sein, durch die ihm arteigene Sprache auszudrücken, wie er sich fühlt, worauf er Lust hat. Er soll sich ohne Angst in Ruhe zurückziehen können, wenn er das braucht – oder auch die Nähe suchen können, wenn er das möchte. Er soll mit seinen eigenen vier Beinen im Leben stehen und sich nicht ständig an Ihnen anlehnen müssen. (Viele unsichere Hunde tun das im wahrsten Sinne des Wortes! Als Besitzer sollten Sie dieses Verhalten jedoch nicht genießen, sondern als Hilferuf erkennen und Ihrem Hund dabei helfen, sein eigenes Gleichgewicht zu finden!)
Gleichzeitig ist es auch notwendig, dass Ihr Hund grundlegende Spielregeln erlernt, um Ihr Zusammenleben friedvoll und für alle Beteiligten sicher zu gestalten. Und hier schließt sich der Kreis: Ein Regelwerk – **der Rahmen** – hilft Ihrem Hund, sich in unserer Welt zurechtzufinden, zu lernen, dass er sich auf Sie verlassen kann. Er bekommt einen Halt, was ihn wiederum dabei unterstützt, selbstbewusst und angstfrei durchs Leben gehen zu können. Gleichzeitig erhöhen Sie damit seine Stresstoleranz und sein Frustrationslevel, was auch notwendig ist, denn:

Jedes Familienmitglied muss sich in der einen oder anderen Form einbringen, einschränken und kooperieren, um ein gemeinsames Leben möglichst stressfrei und mit möglichst viel persönlicher Freiheit für alle zu ermöglichen.

Fördern Sie die Neugier und Entdeckungslust Ihres Hundes, um diesen Prozess zu begleiten (siehe Kapitel „Richtige Förderung"). Zusammen mit dem aufgebauten Vertrauen zu Ihnen wird Ihr Hund so auch lernen, schwierige Situationen zu meistern, sich zu überwinden, nur weil Sie ihn darum bitten. Hier ist Trockentraining in einem Parcours oder gern auch improvisiert im Wald und in Wohngebieten Gold wert. Sie eröffnen damit Ihrem Hund die Möglichkeit, sich neuen Dingen zu stellen, Hindernisse zu überwinden und nicht sofort kopflos und instinktgesteuert wegzulaufen, nur weil etwas neu und unbekannt ist.
Es ist ein **entscheidender Fortschritt** im Training von Tierschutzhunden, wenn Ihr Hund bereit ist, sich mit Ihnen gemeinsam etwas anzusehen, das für ihn unbehaglich oder einfach neu ist – und fördert die Sicherheit im Zusammenleben.
Nutzen Sie ausschließlich positive Verstärkung im Training Ihres Hundes! Nur so wächst die Eigenmotivation, sich neuen Erfahrungen zu stellen. Irgendwann kann man dann vielleicht sogar beobachten, dass der Hund von sich aus zu ihm etwas unheimlichen Dingen hingeht, sich allein überwindet – ohne dass Sie daneben stehen.

Wenn Sie einen Tierschutzhund nur aus dem Grund adoptieren möchten, weil ein solches Tier doch „ach so dankbar" sei – vergessen Sie es bitte. Sie tun sich und dem Hund keinen Gefallen, da Sie im Hinterkopf immer die Abhängigkeit des Hundes von Ihnen haben werden. Das ist nicht die richtige Grundlage für ein respektvolles, wertschätzendes und zufriedenes Zusammenleben. Der Traum vom Leben ist nicht der Traum von Abhängigkeit und Unsicherheit, sondern vielmehr von Lebensfreude und einem kleinen Stückchen Freiheit, ohne einen täglichen Überlebenskampf überstehen zu müssen.

Ein Hund muss nicht dankbar dafür sein,
dass er nicht verhungern muss,
nicht misshandelt und missachtet wird –
es ist sein gutes Recht!

Die Hundetypen

Charakter, Interessen, Begabungen und Vorlieben sind bei jedem Hund unterschiedlich – und jeder Hund ist trotzdem in Ordnung, so wie er ist! Es gibt nicht **den** Universalhund aus dem Katalog, genauso wenig wie es **den** Hundebesitzer gibt.
Um Ihnen vor Augen zu führen, wie verschieden Hunde sein können, möchte ich Ihnen hier vier Hundetypen vorstellen. Die Aufzählung ist beispielhaft und sicherlich nicht vollständig. Mischformen sind ebenfalls möglich. Es ist jedoch wichtig, dass Ihnen bewusst ist, wie vielfältig Hunde aus dem Tierschutz sein können, welche Eigenschaften sie mitbringen können. Es gibt nicht **den** geretteten Hund, der sich aus lauter Dankbarkeit für ewig an sein neues Herrchen/Frauchen bindet und ihm/ihr jeden Wunsch von den Lippen abliest. Jeder Hund ist eine eigenständige Persönlichkeit.

Das Naturtalent

Es gibt Hunde, die den Eindruck vermitteln, dass sie sich alles selbst beibringen. Sie vereinen den Willen, ihrem Menschen zu gefallen und mit ihm zu kooperieren, mit einer guten Beobachtungs- und Imitationsgabe. Sie verknüpfen Ereignisse sehr schnell miteinander – oft ohne besonderes Zutun ihres Besitzers. Das Training dieser Hunde scheint nebenbei zu laufen, der Aufwand ist minimal. Sie erwecken den Anschein, schon immer da gewesen zu sein. Manchmal neigen sie jedoch zu voreiligen Schlüssen und selbstständigem Handeln (sie wissen ja eh Bescheid, was als Nächstes passiert), sind jedoch sofort bemüht, etwaige Richtungskorrekturen vorzunehmen. Achtung: Diese Hunde bedeuten eine große Verantwortung für ihren Menschen! Sie binden sich stark, vertrauen vollständig und lieben mit Hingabe.

Der Lernwillige

Ich würde fast sagen, man könnte diesen Typ auch „der Bestechliche" nennen. Sobald man den richtigen Knopf, besser ausgedrückt die richtige Motivation gefunden hat, kann man von diesen Hunden alles haben. Für manche bedeutet das nächste Leckerchen die ganze Welt, während andere wiederum Purzelbäume für ein Spielzeug schlagen würden, andere freuen sich schon rührend über wohlwollende Worte ihres Menschen.
Nutzen Sie dieses Wissen um die innere Motivation des Hundes für Ihr Training. Diese Hunde brauchen anders als die Naturtalente klar strukturierte Trainingspläne. Der Halter muss wissen, wie man bestimmte Übungen oder Lektionen, die er seinem Tier beibringen möchte, aufbaut. Welcher Schritt kommt als Nächstes? Welches Signal folgt auf welches? Ein klarer Fokus ergänzt das grundlegende Know-how.

Der Opportunist

Ich darf hier als Einstieg die Definition aus dem Online-Duden heranziehen. Bei einem Opportunisten handelt es sich um jemanden, „der sich aus Nützlichkeitserwägungen schnell und bedenkenlos der jeweils gegebenen Lage anpasst".[10]
Im Tierschutzbereich zählen hierzu ganz klar Hunde, die z.B. länger auf der Straße gelebt haben. Sie wissen genau, wie sie an ihr Ziel kommen, sind hartnäckig (an Sturheit grenzend, der Übergang ist fließend), intelligent, lösungsorientiert und mit einem ausgezeichneten Gedächtnis ausgestattet. Die Geschichte mit dem Gedächtnis hat wie alles positive und negative Seiten. Solche Hunde vergessen nicht, wo sich Tage vorher etwas Leckeres am Komposthaufen drei Felder weiter versteckt hat. Sobald sich eine Gelegenheit ergibt, packen sie sie beim Schopf und gehen zielsicher dorthin – auch wenn der Besitzer schon längst vergessen hat, wann er das letzte Mal dort vorbeigegangen ist.
Das Training dieser Tiere ist in folgender Hinsicht eine Herausforderung: Der Halter muss immer eine bessere Alternative zum nächsten Mistkübel, zur nächsten Versuchung bereithalten. Sie können davon ausgehen, dass Ihr Opportunisten-Hund die nächstbeste Gelegenheit sofort ausnützt, wenn Sie keine bessere Alternative zu seinen Vorstellungen und Ideen haben, und seiner eigenen Wege geht!

Der Autonome

Und dann – dann gibt es die Autonomen. **Ihr** vierbeiniger Freund, auf den Sie sich schon so gefreut haben. **Ihr** Hund, mit dem Sie Unternehmungen machen möchten, dem Sie ein artgerechtes und zufriedenes Leben ermöglichen möchten. **Ihr** neues Familienmitglied, das Sie mit offenen Armen empfangen und willkommen heißen, pfeift Ihnen bei nächstbester Gelegenheit einfach etwas. Sie sind abgemeldet, uninteressant. Da stehen Sie nun – Sie und die Knackwurstspur auf dem Boden, allein, ohne Hund. Der hatte nämlich etwas anderes im Sinn, als bei Ihren Spielchen mitzumachen. Immerhin weiß er ja, was ihm gefällt – und das macht er. Er braucht Sie dazu ja nicht.

Bitte seien Sie nicht gekränkt! Der autonome Hund meint es nicht böse. Er will Sie nicht absichtlich ärgern, verletzen oder ignorieren. Er kann einfach nicht anders. Auch ein autonomer Hund ist ein Hund – selbst wenn er so gänzlich anders tickt, als man es sich als frischgebackener (oder auch erfahrener) Hundebesitzer vorstellt.

Was das Training betrifft, kann ein autonomer Hund sehr lernwillig sein und während der Übungseinheiten großen Spaß haben. Viele Lektionen und Signale können ihm beigebracht werden. Im Falle des Falles wird sich so ein Typ Hund jedoch immer für das entscheiden, was ihm gerade am meisten Spaß macht. Leckerchen, Lob, Spielzeug sind für solche Tiere meistens nur zweitrangig. Die Freiheit, tun und lassen zu können, was man möchte, ist ihnen wichtiger, ist ihre größte Motivation. Das erschwert nachhaltiges Training ungemein – denn was haben Sie als Besitzer der Freiheit, der größten intrinsischen Motivation für solche Tiere, schon groß entgegenzusetzen?

Es gilt hier, zufriedenstellende Lösungen für alle zu finden. Das beinhaltet einerseits Freiräume für den Hund zu schaffen, wo es geht (z.B. Besuch von Hundefreilaufzonen, Unternehmungen nach den jeweiligen Anlagen des Hundes), aber andererseits auch Freiräume für Herrchen/Frauchen zu schaffen (z.B. Spaziergänge an der Schleppleine ohne schlechtes Gewissen, weil der Hund nicht frei laufen darf).

**Egal, zu welchem Typ Ihr Hund zählt:
Er ist in Ordnung, so wie er ist!
Lassen Sie sich bitte diesbezüglich nichts anderes einreden.
Um das volle Potenzial eines Lebewesens erkennen
und richtig fördern zu können,
steht die Akzeptanz seiner Persönlichkeit, seiner Begabungen
genauso wie seiner Probleme an erster Stelle.**

Akzeptanz

Was bedeutet Akzeptanz, und warum ist diese im Zusammenleben mit Hunden so wichtig? Lassen Sie mich kurz Bezug auf den lateinischen Wortstamm nehmen:
accipio: [...] etw. annehmen; [...] billigen, gutheißen, sich (mit etw.) zufriedengeben, gelten lassen. [...][11)]
Annehmen. Gelten lassen. Ihren Hund. So wie er ist. Auch wenn er Dinge anders tut, als Sie es von einem Hund erwartet haben. Auch wenn er anders ist, als Sie es gewohnt sind. Auch wenn er noch viel Zeit braucht, um gewisse Grundregeln im Zusammenleben zu erlernen.

Ohne Akzeptanz ist Weiterentwicklung nicht möglich! Wenn ich die Augen vor bestimmten Verhaltensweisen oder gesundheitlichen Problemen verschließe, sie nicht annehme, dann ist es mir auch nicht möglich, an einer Verbesserung zu arbeiten. Wenn ich nicht sehen will, dass mein Hund humpelt, an der Leine gegen andere Hunde aggressives Verhalten zeigt usw., sondern es z.B. schönrede (das ist nur dann und dann so; ach, der tut doch nichts), dann nehme ich meinem Tier die Chance auf ein besseres Leben mit mehr Wohlbefinden.
Ja, Akzeptanz ist wieder eng verknüpft mit einem anderen Thema. Sie werden es sich sicherlich schon denken: die liebe Eigenverantwortung. Wenn ich akzeptiert habe, dass es in einem bestimmten Bereich Probleme gibt, dann ist es gleichzeitig auch meine Verantwortung, zu einer Verbesserung beizutragen, soweit dies möglich ist. Wenn ich akzeptiert habe, dass mein Hund gesundheitliche Probleme hat, muss ich einen Tierarzt oder Therapeuten aufsuchen. Wenn ich akzeptiert habe, dass mein Hund Verhaltensprobleme hat, muss ich einen Trainer aufsuchen. Das reicht aber natürlich noch nicht (was viele Tierbesitzer leider glauben): Ohne mein Zutun wird das nichts werden! Um nachhaltige Ergebnisse zu erzielen, muss der Halter mitarbeiten!

Das tägliche Handling hat gravierenden Einfluss auf Gesundheit und Zufriedenheit Ihres Hundes – viel mehr Einfluss als punktuelle Eingriffe.

Akzeptanz heißt also nicht, dass man alles so hinnimmt, wie es ist, und nicht versucht etwas zu verändern. Etwas zu akzeptieren ist vielmehr der allererste Schritt in diese Richtung! Es bedeutet nicht, dass man klein beigibt oder aufgibt. Man nimmt die Dinge an, wie sie sind, um auf dieser Basis weitermachen zu können. Das Leben mit einem Tierschutzhund kann vieles verändern. Man kann lernen, sich und andere besser zu akzeptieren und das wertzuschätzen, was sie anzubieten haben – und zufrieden zu sein mit dem, was ist!

Ihre Notizen

Bevor man Dinge an jemand anderem beobachtet, sollte man immer zuerst bei sich selbst beginnen. Daher bitte ich Sie, folgende Frage zu beantworten: Welche Eigenschaften haben Sie, die im Umgang mit einem Tierschutzhund schwierig sein könnten (z.B. Ungeduld, aufbrausendes Gemüt, Inkonsequenz, Ungenauigkeit, Unsicherheit usw.)? Schreiben Sie sie bitte auf! Und dann sagen Sie sich: Ja, so bin ich. Diese Eigenschaften sind ein Teil von mir. Fragen Sie sich, wie Sie damit im Zusammenleben mit Ihrem Hund umgehen können, ob Sie vielleicht Hilfe benötigen oder woran Sie gern arbeiten möchten.

Das bewusste Hinschauen hilft Ihnen dabei, die Ankunft Ihres Tierschutzhundes optimal vorzubereiten. Charakterzüge sowie Verhaltensweisen, die man immer und immer wieder wiederholt hat, kann man nicht von heute auf morgen verändern. Das ist ein Prozess. Und doch ist der erste Schritt schon getan, wenn Sie diese Liste geschrieben haben. Sie werden sich immer dann daran erinnern, wenn Sie es brauchen, das heißt, wenn Sie in eine Situation mit Ihrem neuen Begleiter kommen, in der Sie sich möglicherweise gerade selbst im Weg stehen.

Belohnen – ausschließlich!

Zum Thema Training mittels positiver Verstärkung gibt es mittlerweile ausreichend Literatur, auf die ich weiterverweisen möchte, und ich kann Ihnen versichern, dass es der einzig sinnvolle Zugang ist, um einen Tierschutzhund ins Familienleben zu integrieren. Methoden, die auf Bestrafung basieren und damit Angst, Druck und Stress erzeugen, führen zu nachhaltig nachteiligen Effekten sowie Meideverhalten, anstatt bewusstes Lernen zu fördern.

Genauso wenig sinnvoll sind Ratschläge, Verhalten zu ignorieren – was genau soll der Hund daraus lernen? Er wird auf diese Weise im Stich gelassen, bekommt keine Alternativen aufgezeigt, wie er es besser machen könnte. Verwenden Sie keine Trainingsansätze, die das Vertrauen wieder nehmen können. Darunter fällt z.B. Futterentzug bei einem Straßenhund. Die angeblich dadurch gewonnene „Bindung“ an den Menschen gründet nicht auf Vertrauen. Viele Straßenhunde haben einen täglichen Überlebenskampf geführt. Hier sind Muster so tief verankert, dass sie trotz jahrelanger Integration und Sicherheit noch unter der Oberfläche lauern. Sie schaden der Mensch-Tier-Beziehung enorm, wenn Sie diesen Hunden die Sicherheit nehmen, keinen Hunger mehr leiden zu müssen.

Lernen unter Angst und Stress. Können Sie sich erinnern, wie das war in der Schule? In Mathematik? Oder vielleicht Physik? Oder im Deutschunterricht? Wenn Ihnen an jedem Abend vor Abgabe der Hausübung Schweißperlen auf der Stirn gestanden sind, die Telefonleitungen heiß gelaufen sind, um sich Rat zu holen? Wenn Sie in der Klasse gesessen sind, Beklemmungen hatten, der Atem flacher wurde? Können Sie sich an dieses ungute Gefühl erinnern, wenn das Herz zu klopfen begann, wenn jemand aus der Klasse zur Tafel gerufen wurde, um eine Aufgabe zu lösen? Können Sie sich erinnern, wie wenig Spaß das alles gemacht hat? Wie viel von dem, was Sie unter Druck lernen mussten, ist denn bis heute hängen geblieben? Wie viel mussten Sie lernen, das Sie mit keiner positiven Erfahrung verknüpfen konnten und Ihnen dadurch nicht im Gedächtnis geblieben ist? Wie viel wollten Sie so schnell wie möglich hinter sich lassen, um aus der Schule rauszugehen, zu spielen und frei zu sein, Freude am Leben zu haben? Können Sie noch spüren, wie sehr Sie unter Druck gestanden sind, wenn nicht die Belohnung am Ende zu erwarten war, sondern eine schlechte Note? Enttäuschte Eltern? Enttäuschte Lehrer?

Versetzen Sie sich in Ihren Hund. Er möchte Ihnen gefallen. Er möchte mit Ihnen zusammenarbeiten. Oft versteht er aber einfach nicht wie. Oft versteht er nicht, was von ihm erwartet wird. Oft kann er aus seiner Haut in der momentanen Situation einfach nicht heraus. Es macht ihm Druck. Er merkt, dass Sie unzufrieden sind. Er weiß aber nicht, was er tun soll und wie er aus dieser Situation wieder herauskommt. Er kann seine Angst allein nicht überwinden. Er spürt den Druck von der Leine, des Brustgeschirrs, weiß nicht, wohin er ausweichen soll, bekommt keine Luft, weiß nicht wohin er schauen soll, wohin er gehen soll. Und eigentlich will er doch nur Ruhe und Sicherheit haben.

Spüren Sie, wie er die Luft anhält? Wie er aufhört zu atmen? Wie sich sein Körper verspannt? Seine Muskeln hart werden, sein Blick in die nächste Ecke wandert? Die Ohren eng an den Körper gelegt, geduckt, die Rute eingeklemmt? Die Augen unstet, orientierungslos?

Geben Sie Ihrem Tier Luft zum Atmen,
Zeit sich zurechtzufinden und Zeit,
körperliche und emotionale Belastungen zu verarbeiten.

Stress, Druck und Angst bringen Sie nicht an das gewünschte Ziel. Wie haben Sie am leichtesten gelernt? Was ist Ihnen schnell und nachhaltig im Gedächtnis haften geblieben? Dinge, die Sie mit Freude getan haben. Dinge, bei denen Sie Spaß hatten, die interessant waren und die sich gelohnt haben. Bereiten Sie das Training Ihres Hundes genauso vor! Deswegen ist es so wichtig, positiv zu arbeiten. Nicht mit Strafe oder Ignoranz. Schaffen Sie ein Umfeld, in dem Ihr Hund gern lernt, in dem es ihm möglich ist, etwas auszuprobieren. Dadurch wird er flexibler, kann adäquat auf unterschiedliche Situationen reagieren.
Die Folgen für den Körper (und damit im Endeffekt wieder für das Verhalten!) durch negatives Training dürfen keinesfalls unberücksichtigt bleiben! Oft kommt es zu einer unnatürlichen Körperhaltung. Anspannung durch untypische Aufrichtung, das Einklemmen der Rute, Zusammendrücken der Hinterbacken, Anspannung des Kiefers und des Rückens – dies alles führt unweigerlich zu Verspannungen, damit einhergehender schlechterer Durchblutung der betroffenen Regionen und zu Schmerzen, was wiederum das Verhalten und den Lernerfolg negativ beeinflusst.
Auch in diesem Kapitel möchte ich Ihr Hauptaugenmerk darauf lenken, Ihren Hund kennenzulernen. Jedes Tier ist anders. Die einen würden für Futter durchs Feuer gehen, was aber wiederum oft dazu führt, dass sie von dieser Form der Belohnung dermaßen abgelenkt sind, dass sie von der eigentlichen Übung praktisch nichts mitbekommen.
Dann gibt es Hunde, die aus verschiedenen Gründen Futter als Belohnung ablehnen – entweder ist die Motivation durch Futter nicht so groß wie durch andere Dinge oder der Stresslevel ist noch zu hoch, als dass das Tier Essen annehmen könnte. (Ob ein Hund Futter zu sich nehmen kann, ist übrigens ein gebräuchlicher Test, wie hoch der Stress gerade ist.) Somit ist das beliebte Leckerli oft nur bedingt als Verstärker einsetzbar. Suchen Sie in diesem Fall nach Alternativen. Achten Sie darauf, was für Ihren Hund belohnend wirkt. Ist es ein Spielzeug? Freut er sich über ein gutes Wort? Eine Streicheleinheit? Ein Leckerli? Eine Runde Freilauf? Eine Runde Kuscheln mit Ihnen? Finden Sie es heraus!

Gewöhnung an Neues

Akzeptanz ist im Zusammenleben mit Hunden keine Einbahnstraße. Nicht nur Sie sind hier gefragt, sondern Ihr Hund muss ebenfalls lernen, gewisse Dinge zu akzeptieren, um im Gleichgewicht bleiben und sich sicher fühlen zu können. Dazu gehört die sogenannte Habituation – die Gewöhnung an Gegenstände. Dies gehört eigentlich zu einer guten Kinderstube dazu, wenn man sich einen Welpen aus einer seriösen Zucht nimmt. Viele Züchter nehmen sich hier speziell viel Zeit, um „ihre" Welpen an verschiedenste Dinge heranzuführen und so den Grundstein für ein vertrauensvolles Verhältnis des Hundes zu seinem Halter zu legen.

Bei Hunden aus dem Tierschutz schaut das natürlich ganz anders aus. Hunde von der Straße, Hunde aus schlechten Verhältnissen, Welpen, die viel zu früh von ihrer Mutter getrennt wurden und auf sich allein gestellt waren, hatten nie die Chance, dieses Vertrauen aufzubauen.
Dies ist nun Ihre vorrangige Aufgabe, da das sichere Handling gerade für ängstliche, ja vielleicht panische (!) Hunde überlebensnotwendig ist. Und das ist nicht nur so dahergeredet! Wie schnell ist ein panischer Hund aus dem nicht richtig verschnallten Brustgeschirr entschlüpft und läuft auf die nächste Bundesstraße. Wie schnell ist ein schlecht oder nicht gesicherter Hund aus dem Kofferraum entwischt und springt vor das nachfolgende Auto. Hunde, die panisch werden, sind nicht kontrollierbar. Sie wehren sich in reiner Angst gegen jede Einflussnahme, sehen weder nach links noch nach rechts. Diese Situation kann für alle Beteiligten sehr gefährlich sein. Daher ist es sehr wichtig, Ihren Hund von vornherein an verschiedene Dinge zu gewöhnen!

Ich möchte hier nochmals darauf hinweisen, dass dieser Ratgeber das Beiziehen eines erfahrenen professionellen Trainers nicht ersetzt, wenn Sie ungeübt im Umgang mit unsicheren Hunden sind und deren Signale noch nicht ausreichend kennen!

Wenn Sie einen Hund aus dem Tierschutz übernehmen, kann es sein, dass dieser überhaupt nichts kennt, das heißt weder Halsband/Brustgeschirr noch Leine oder Ähnliches. Dieser Hund kennt keinen Zug an seinem Körper, kein Klimpern, kein Klappern, kein Zwicken. All diese Dinge können ihm Angst machen und Panik auslösen! Andere Hunde wiederum haben möglicherweise bereits schlechte Erfahrungen mit diesen Hilfsmitteln gemacht (und nichts anderes sollen Brustgeschirr und Leine sein – ein Hilfsmittel) und reagieren deshalb unsicher.
Brustgeschirr und Leine sind jedoch (gerade anfangs) unsere direkte Verbindung zum Tier – und unsere **Kommunikationsmöglichkeit** in verschiedensten Situationen. Legen Sie großen Wert darauf, Ihren Hund an all dies sorgfältig heranzuführen. Beobachten Sie ihn gut und schätzen Sie ab, bis zu welchen Grenzen er sich noch wohlfühlt – und erweitern Sie diese Schritt für Schritt. Was bedeutet das konkret?

Das Brustgeschirr

Ist Ihr Hund an das Tragen eines Geschirrs bereits gewöhnt? Wenn nicht, überlegen Sie im Vorhinein, welche Art von Geschirr Sie verwenden möchten. Es gibt Geschirre, die man über den Kopf ziehen muss. Viele Hunde aus dem Tierschutz mögen das überhaupt nicht. Sie können dies umgehen, indem Sie z.B. ein Geschirr anfertigen lassen, das einen zusätzlichen Karabiner beim Hals aufweist. Verwenden Sie anfangs auf alle Fälle Sicherheitsgeschirre mit zwei Bauchgurten!
Legen Sie zunächst das „Monstrum" einfach beiläufig auf den Boden, mal hierhin, mal dorthin. Verändern Sie seine Form, machen Sie es auf und wieder zu. Wenn Ihr Hund nicht von sich aus auf Erkundung geht, versuchen Sie, es immer ein Stückchen mehr in seine Richtung zu bringen. Dazwischen vergrößern Sie wieder den Abstand, um den Druck nicht zu groß werden zu lassen. Fokussieren Sie jedoch bei diesen Übungen nicht nur auf das Brustgeschirr – damit würden Sie ihm aus Sicht des Hundes zu viel Wert beimessen. Das Ganze soll ganz nebenbei passieren.
Das Geschirr gehört einfach zum Alltag, es ist normal, dass es irgendwo herumliegt und einen berührt. Es ist nichts Besonderes. Es ist einfach da. Liegt mal da oder mal dort. Und es ist völlig in Ordnung.
Eine tolle Methode, einen Hund auf das Tragen eines Brustgeschirrs vorzubereiten, ist das Anlegen einer Körperbandage. Diese Bandagen werden in verschiedenen Situationen angewendet, um dem Hund mehr Körpergefühl zu vermitteln und ihm dadurch mehr Sicherheit zu geben. Dies hat den doppelt positiven Effekt, dass sich ängstliche Hunde damit meist ein wenig entspannen und gleichzeitig das Überziehen eines Geschirrs über die angelegte Bandage einfacher angenommen wird. Ich habe bereits im Kapitel „Raum geben – Rahmen geben" auf diese wunderbare Möglichkeit hingewiesen. In den ersten Wochen bin ich mit unserem Angsthund aus Rumänien mit Bandage und Geschirr spazieren gegangen. Diese Kombination hat ihm sehr geholfen, da er das Tragen der Bandage vom geschützten Bereich unseres Hauses bereits gewöhnt war und das sichere Gefühl mit hinausnehmen konnte.

Wenn Ihr Hund sich das Brustgeschirr anlegen lässt, können Sie damit beginnen, immer wieder die Leine einzuhängen. Achten Sie darauf, dass der Karabiner nicht unkontrolliert am Hund baumelt. Üben Sie den Vorgang des Einhängens einige Male. Lassen Sie die Leine zunächst nur ganz kurz, einige Sekunden, am Hund. Entfernen Sie sie rechtzeitig, bevor Ihr Hund von sich aus das Weite suchen möchte. Machen Sie Pausen. Wenn Ihr Hund es akzeptiert, können Sie das Geschirr gern für einige Zeit drauflassen.

Geräusche

Jedes Hilfsmittel macht bei der Anwendung Geräusche. Hier können Sie zwei Strategien anwenden: Zum einen ist es die Geräuschvermeidung. Üben Sie bitte, wie man Klickverschlüsse ohne „Klick" am Hund zumacht. Halten Sie hierfür den empfangenden Teil zwischen Daumen und Zeigefinger und lassen das Steckteil hineingleiten, während Sie die Spitzen noch zusammendrücken. Damit ist ein Schließen ohne Klick möglich und vergrößert die Akzeptanz. Vermeiden Sie Leinen mit übergroßen Karabinern. Zum einen stört das Gewicht, zum anderen machen diese mehr Lärm. Vermeiden Sie klimpernde Namensschilder, die am Hund angebracht sind.

Die zweite Strategie ist die Gewöhnung an verschiedene Geräusche, wobei ich Ihnen empfehle (aus Höflichkeit Ihrem Hund gegenüber) die Geräuschvermeidung, wo es geht, beizubehalten. Immerhin sind die Sinne der Hunde ja um ein Vielfaches empfindlicher als unsere und es zeugt von Respekt, wenn wir dies im täglichen Umgang berücksichtigen. Nichtsdestotrotz ist es sinnvoll, wenn Sie Ihren Hund mit der Zeit (!) auch daran gewöhnen, dass eine Leine klimpern, ein Brustgeschirr klackern, der Fixierungsknopf der Roll-Leine einmal rumpeln kann.

Zug und Druck

Dieser Punkt ist mir besonders wichtig! Natürlich soll der Hund nicht an der Leine ziehen. Natürlich sollen Sie keinen Druck ausüben. Aber es kann zu Situationen kommen, in denen es aus verschiedenen Gründen nicht anders möglich ist! Und genau in solchen Situationen ist es wichtig, dass Ihr Hund keine Panik bekommt, wenn er auf einmal Zug in die eine oder andere Richtung spürt, sei es über die Leine, das Geschirr oder auch bei direktem Körperkontakt.
Menschen lernen mit der Zeit auf Druck auszuweichen. Wenn Ihnen ein Familienmitglied im Weg steht, legen Sie ihm wohl leicht die Hand an die Schulter und derjenige wird ausweichen. Beim Hund kann das genaue Gegenteil der Fall sein! Er wird auf Ihren Druck mit Gegendruck reagieren, sich dagegen lehnen. Und je mehr Sie Druck auf ihn ausüben, desto mehr wird er in Schieflage geraten, weil er nicht in die von Ihnen vorgegebene Richtung ausweichen möchte. Außerdem kann er, wenn er es nicht gewöhnt ist, beim leichtesten Zug an der Leine in wahre Panik verfallen – so sehr, dass er sich nicht mehr beruhigt, bis er frei ist.
Nachdem Sie Ihren Hund also an das Tragen des Geschirrs und an das Einhängen der Leine gewöhnt haben, üben Sie mit ihm zunächst im geschützten Umfeld Ihrer vier Wände, mit der Leine erstens ein wenig mit dem Karabiner zu klimpern und zweitens kurz auf Zug zu gehen und sofort wieder nachzugeben. Behalten Sie dabei das Bild in Ihrem Kopf, dass es sich hier lediglich um alltägliche Vorgänge handelt. Es ist nichts Besonderes, es ist nichts dabei. Achten Sie darauf, dass Sie zu Beginn immer nur minimale und kurze Signale geben. Steigern Sie Stärke und Dauer erst nach und nach.

Die ersten gemeinsamen Schritte

Wenn Ihr Hund nun also an Brustgeschirr, das Einhängen der Leine sowie normale Impulsgebung an der Leine herangeführt wurde, ist es Zeit, die ersten gemeinsamen Schritte zu machen. Achten Sie hierbei darauf, dass die Leine zunächst durchhängt. Motivieren Sie Ihren Hund, Ihnen ein paar Schritte zu folgen – mit aufmunternden Worten, falls er es annimmt, auch gern mit einem Leckerchen. Lassen Sie ihm Zeit. Belohnen Sie jede auch noch so kleine Bewegung in die richtige Richtung! Ein Schritt vorwärts kann schon ein großes Ergebnis sein.
Auch hier gilt: Bitte nicht übertreiben! Mit sehr unsicheren Hunden muss wirklich schrittweise gearbeitet und dann wieder pausiert werden. Aber bleiben Sie trotzdem dran! Sie sind dann erfolgreich, wenn Sie Ihrem Hund ausreichend Freiraum für Rückzug und eigenen Rhythmus lassen und gleichzeitig darauf bestehen, dass er sich mit gewissen Dingen auseinandersetzt. Hierfür benötigen Sie eine gute Beobachtungsgabe, Konsequenz, Fingerspitzengefühl und Pausen.

Generell gilt:
Beginnen Sie mit dem Kennenlernen neuer Dinge in einem geschützten Umfeld, das heißt mit möglichst wenig äußeren Einflüssen. Hier bietet sich die Wohnung an. Halten Sie die Übungen kurz und schließen Sie immer mit einem positiven Erlebnis für den Hund ab! Arbeiten Sie lieber mehrmals täglich in kurzen Einheiten als einmal am Tag eine ganze Stunde lang.

Wichtig!

Authentische Kommunikation

Zur authentischen Kommunikation mit Ihrem Hund gehört,

- dass Sie wissen, was Sie wollen.
- dass Sie dafür ein unmissverständliches Signal haben.
- dass Ihr Hund ein grundlegendes Verhaltensrepertoire von Ihnen gelernt hat.
- dass Sie immer das Gleiche meinen und einfordern, wenn Sie ein bestimmtes Signal geben!

All das trägt dazu bei, ihm einen verlässlichen Rahmen und die nötige Sicherheit zu geben. Für mich ist es wichtig zu unterscheiden zwischen Übungen, die der Sicherheit und dem Wohlbefinden des Hundes und seines Menschen dienen, und dem Erlernen von Tricks bzw. die Beschäftigung des Hundes mit Denksportaufgaben. Sehr oft entsteht Stress durch permanente körperliche und geistige Überforderung. Übungen wie sitzen, sich hinlegen, am Platz bleiben sind äußerst wertvoll, wenn ein Hund Ruhe benötigt, aber aus welchen Gründen auch immer gerade nicht zur Ruhe kommen kann. Diese erlernten Signale ermöglichen es ihm, Verantwortung abzugeben, sich an einem eingespielten Rahmen festzuhalten – und auszuruhen. Damit wird ein möglicher Teufelskreis durchbrochen, in dem durch Reizüberflutung und Unruhe schnell Verhaltensprobleme entstehen können.

Ich bitte Sie, sich Folgendes bewusst zu machen: Es geht bei diesen Übungen nicht um Unterordnung oder Dominanz, sondern vielmehr darum, Ihrem Hund die Möglichkeit zu geben, sein inneres Gleichgewicht zu behalten (oder zu finden, wenn nötig), Verantwortung abgeben und damit ausruhen zu können.

Zusätzlich wird damit noch ein weiterer wesentlicher Bestandteil im Umgang mit Tierschutzhunden trainiert: **Selbstkontrolle**. In Situationen der Anspannung, Unsicherheit oder Erregung (die auch durchaus positiv sein kann, z.B. bei einem Hund, der sich schon sehr auf den anstehenden Spaziergang freut oder über den Besuch, der sich gerade angekündigt hat) ist es wichtig, ein Verhalten des Hundes abrufen zu können, das ihn erdet, ihn wieder mit den Beinen auf den Boden und damit mehr in Balance bringt.

Die äußere Haltung hat direkten Einfluss auf die innere Befindlichkeit Ihres Tieres.

Mit den Füßen den Boden zu berühren ist für Hunde sehr wichtig, um mit verschiedenen Situationen bewusster umgehen zu können. Diese Haltung hilft ihnen dabei, sich besser konzentrieren und im Gleichgewicht bleiben zu können. Zusätzlich wird es Ihnen nicht nur Ihr Hund danken, wenn sein Stresslevel im Toleranzbereich bleibt – auch Ihr Besuch wird sich bedanken, wenn er von einem freundlichen Hund begrüßt wird, dessen Pfotenabdrücke auf dem Boden und nicht auf dem frisch gereinigten Mantel sichtbar sind.

Ihre Notizen

Legen Sie ein Verhaltensrepertoire fest, auf das Ihr Hund zugreifen können soll. Ich empfehle hier auf alle Fälle:

- Sitzen
- Sich hinlegen
- Auf einen zugewiesenen Platz gehen
- In einer zugewiesenen Position bleiben
- Warten
- Bei Fuß gehen

Entscheiden Sie sich für **akustische** (Hörsignale), **visuelle** (Sichtzeichen) und eventuell **taktile** (Kommunikation über Berührung) Signale. Hier gilt: Jeder Verhaltensweise wird sowohl ein akustisches als auch ein visuelles (bzw. wenn gewünscht auch ein taktiles) Signal zugewiesen. Und dabei bleiben Sie! Dies gilt auch für alle, die sonst noch mit dem Hund arbeiten oder umgehen. Es wird nicht einmal so oder so gesagt, einmal so oder so gemacht. Das zählt zur Verlässlichkeit, die Ihr Hund braucht, um sich sicher und geborgen zu fühlen.

Die Kultivierung der „Wurschtigkeit"

Kennen Sie den Ausdruck: „Is' mir wurscht"? Besser verständlich als: „Ist mir egal"? Üben Sie sich an dieser inneren Einstellung! Das hilft enorm in unerwarteten, brenzligen, herausfordernden Situationen. Hüllen Sie sich in ein Gefühl der Gelassenheit. Dieses Gefühl kann man tatsächlich üben („kultivieren") und bei Notwendigkeit abrufen! Abgesehen vom richtigen Handling je nach Bedarf (Straßenseite wechseln, richtige Leinenführung usw.), auf das Sie bitte achten, ist genau diese innere Haltung ausschlaggebend dafür, wie Ihr Hund reagiert bzw. wie gut es Ihnen möglich ist, ihm Sicherheit zu geben und ihn durch solche Begebenheiten zu begleiten.
Ein Hund stürmt am Gartenzaun entlang und bellt aufgeregt? Ihr Hund möchte am liebsten verschwinden? Direkt vor Ihrem Haus flattert eine Zeitung im Wind?
Halten Sie den Fokus auf Ihrem Weg. Sie fühlen sich, als befänden Sie und Ihr Hund sich in einer Blase, in die keine Einflüsse von außen eindringen – kein Lärm, keine Störung, keine Angst. Es ist wie ein Puffer, der äußere Eindrücke dämmt und nicht in Ihre Welt hereinlässt. Ihre Aufmerksamkeit gilt dem Weg vor Ihnen, Ihrer entspannten Körperhaltung und der Verbindung zu Ihrem Hund, das ist meist die Leine. Sie befinden sich auf einem sicheren Eiland: Was da draußen vor sich geht, wird von Ihnen zwar wahrgenommen, aber es ist Ihnen „wurscht"! In Ihrem Eiland sind Sie zuversichtlich, entspannt und Sie wissen, wohin Sie möchten – und Ihre Atmung bleibt ruhig. Dieses Bewusstsein übertragen Sie automatisch an Ihren Hund. Es ist wichtig, dass Ihre Gedanken ruhig und fokussiert bleiben, betreiben Sie kein „Kopfkino"! Wie schon öfter erwähnt, geht es um Ihre gegenwärtigen Schritte, um diesen Meter, um den nächsten Meter, nicht um den nächsten Termin, den nächsten Gartenzaun. Sie fühlen sich so richtig wohl in Ihrer kleinen Blase, in der es windstill und harmonisch ist!

Richtige Förderung

Die Integration von Tierschutzhunden kann in der Anfangsphase (und die kann gut und gern auch ein Jahr dauern) täglich neue Herausforderungen bringen. Diese Hunde lernen ständig dazu und entwickeln sich. Daraus entstehen immer wieder andere Situationen und Momente, in denen Ihre Entscheidungsqualitäten gefragt sind. Wenn die Angst einmal überwunden ist, treten nicht selten sehr willensstarke, aufgeweckte und hochintelligente Charaktere zutage!

Spazierengehen

Zu Beginn kann für Ihren Hund alles neu sein – Autos, Hydranten, Gehsteige, fremde Personen, Türschwellen, Treppen, Türen, Türstöcke, glatte Böden, Gitter, Kanaldeckel, Mistkübel u. v. m. Das bedeutet, dass jeder Spaziergang für ihn schon ein kleines Abenteuer sein kann.

- Gehen Sie mit Sicherheit voran. Auch wenn Ihr Hund Sie noch nicht lange kennt, so sind Sie doch seine erste Ansprechperson. Sie sind derjenige/diejenige, an dem/der er sich orientiert!
- Ermutigen Sie Ihren Hund, sich mit neuen Dingen auseinanderzusetzen.
- Lassen Sie ihm Zeit – und sichern Sie ihn anfangs auf alle Fälle ordentlich!

Wenn Sie merken, dass Ihr Hund sich verspannt und stehen bleiben möchte: Atmen Sie bewusst. Entspannen Sie Ihren eigenen Kiefer, Ihre Schultern, lassen Sie sie tief hängen und atmen Sie weiter. Visualisieren Sie, wie Ihr Hund an dem bestimmten Hindernis fröhlich vorbeigeht. Wie er entspannt auf seinen vier Beinen steht, die Rute in natürlicher Haltung trägt. Nehmen Sie sich die Zeit, die Ihr Hund braucht. Manchmal schafft er nur ein paar Schritte auf einmal.
Anfangs kann ein Spaziergang von 15 Minuten oder weniger schon ein Maximum an Reizen bieten, mit denen Ihr Hund gerade zurechtkommt. Bieten Sie ihm auf alle Fälle die Möglichkeit, sich auf Erde oder Gras lösen zu können, denn viele Tiere weigern sich zunächst auf Asphalt. Trotz dieser möglichen Hindernisse und Herausforderungen ist Bewegung sehr wichtig, um die körperlichen Grundbedürfnisse Ihres Vierbeiners zu erfüllen, seinem Schnüffeldrang zu entsprechen (was wiederum die Pulsfrequenz senkt und damit zur Beruhigung beiträgt) und nicht zusätzlich durch zu wenig Bewegung Stress zu verursachen. Halten Sie durch!

Gewöhnung an die Außenwelt

Ich fasse nochmals zusammen: Kontrollieren Sie die Reize, die Ihrem Hund zugemutet werden. Bewegen Sie ihn regelmäßig, trainieren Sie mit ihm entspanntes und gleichmäßiges Spazierengehen.
Suchen Sie sich zunächst einen ruhigen Ort aus und Spazierwege, die wenig von Menschen und Hunden bevölkert werden, mit Möglichkeiten für Ihren Hund, sich auf Erdboden zu entleeren. Wählen Sie für Ihren Spaziergang Uhrzeiten außerhalb der „Stoßzeiten". Ihr Hund hat anfangs genug damit zu tun, sich auf die neue Umgebung, auf Sie und auf das Equipment einzustellen. Zusätzlicher Lärm, Straßenverkehr, viele andere Menschen und Tiere können den Stress verstärken und damit ein bewusstes Kennenlernen und Lernen verhindern.
Üben Sie mit Ihrem Hund die im geschützten Raum erlernten Grundbegriffe wie Sitz, Platz usw. auch im Freien, egal wo. Verändern Sie die Reihenfolge, damit Ihr Hund aufmerksam und konzentriert bleibt. Belohnen Sie ausgiebig und lassen Sie ihn immer mit einem Erfolgserlebnis abschließen. Wenn etwas draußen noch nicht so gut gelingen sollte, dann besinnen Sie sich auf Übungen, die Sie ganz einfach abrufen können, und beenden Sie das Training mit so einer Übung. Bleiben Sie geduldig, aber konsequent. Sie sind der Fels in der Brandung für Ihren Hund. Sie verhalten sich draußen genauso wie drinnen, auf Sie kann er sich verlassen.
Nach und nach erhöhen Sie die Ablenkung, gehen andere Wege, gehen zu anderen Uhrzeiten, unterhalten sich einmal mit Passanten, wählen Routen, auf denen mit mehr Reizen aus der Umgebung zu rechnen ist. Halten Sie jedoch diese Einheiten anfangs ebenfalls kurz, damit Sie Ihrem Hund die Chance geben, dass er ein positives Erlebnis hat.

Wenn Ihr Hund soweit ist, das heißt, wenn er in Ihrer näheren Umgebung entspannt spazieren gehen kann, beginnen Sie mit Ortswechseln. Nehmen Sie ihn zu unterschiedlichen Plätzen mit. Machen Sie mit ihm einen Ausflug in den Ort bzw. in die Stadt (je nachdem, wo Sie wohnen). Geben Sie Ihrem Hund in solchen neuen Situationen Halt, indem Sie ihm wohlbekannte Übungen abrufen.

Verknüpfen Sie Vertrautes mit Neuem!

Achten Sie auf entsprechende Ruhephasen zwischen herausfordernden Erlebnissen. Zum einen ist es wichtig, die Flexibilität Ihres Hundes mit gezielten Trainingseinheiten in einer Umgebung, die mehr Reize bietet, zu fördern. Zum anderen müssen das Gesehene, Erlebte, Erschnüffelte auch verdaut werden. Lassen Sie Ihrem Hund die Zeit, um zu verdauen!

Wichtig!

- Starten Sie mit möglichst wenig äußeren Einflüssen.
- Schließen Sie mit einem Erfolgserlebnis ab.
- Führen Sie mehrere kurze Übungseinheiten täglich durch.
- Atmen Sie! Und lockern Sie Ihre Schultern.
- Vertrautes in einer neuen Umgebung gibt Ihrem Hund den Halt, den er benötigt!

Förderung der Neugier

Zusätzlich zu den bereits erwähnten Trainingsgrundlagen hilft ein gewisses Maß an Neugier Ihrem Hund, mit neuen Situationen klarzukommen. **Neugier**, der Drang, sich etwas anzusehen, auf etwas zuzugehen, sich möglicherweise etwas Leckeres abzuholen, ist **nützlicher Widersacher und Gegenpol der Angst.** Fördern Sie dies bewusst, indem Sie Ihren Hund immer wieder ermuntern, sich neue Dinge anzusehen und dorthin zu gehen. Üben Sie mit ihm z.B. die bewusste Annäherung an unterschiedliche Gegenstände. Dies muss kein Übungsparcours sein, nicht nur Künstliches. **Verwenden Sie die Gegebenheiten Ihres Umfeldes.** Baumstämme, Sträucher, Fahrradständer, Hydranten, Mülltonnen, Müllsäcke, Mauervorsprünge usw., alles kann ein positives Erlebnis in sich bergen.

Ihr Hund wird mit der Zeit mutiger werden – und Sie dann möglicherweise vor neue Herausforderungen stellen. Ganz plakativ gesprochen: Es ist immer leichter, ein Tier zu führen, das Angst hat! Angst blockiert die Möglichkeit des bewussten Lernens im Gehirn. Wenn die Angst weg ist, dann können neue Wege beschritten werden, Neues ausprobiert werden – und manchmal auch Dinge hinterfragt werden!
Wundern Sie sich also bitte nicht, wenn ein ehemaliger Angsthund, dem Sie Vertrauen, Sicherheit, Selbstbewusstsein und Zuversicht vermitteln konnten (Herzlichen Glückwunsch dazu, Sie haben einem Tier ein neues Leben ermöglicht!), plötzlich beginnt, Rituale, Regeln, Signale zu hinterfragen, „schlechter zu hören". Es kann sein, dass man dann das Training nochmals anders aufbauen oder wiederholen, verfeinern, aus einem anderen Blickwinkel sehen muss – Sie haben praktisch einen anderen Hund vor sich: das Leben davor und danach.

Ruhezeiten

Achten Sie dringend auf ausreichende Ruhephasen! Hunde können aus unterschiedlichen Gründen nicht von sich aus zur Ruhe kommen. Dies kann aus Unsicherheit sein oder auch daran liegen, dass der Hund meint, Verantwortung übernehmen zu müssen, und damit beginnt, seine Umwelt zu kontrollieren. (Können Sie allein auf die Toilette gehen? Springt Ihr Hund jedes Mal auf, wenn Sie sich bewegen?) Manchmal rutscht er auch in ein Bewegungsmuster hinein, das vielleicht auch mit seiner Rasse und dem Zuchtziel zu tun hat, und kommt allein nicht mehr heraus.
Es ist nicht lieb und dankbar, wenn Ihnen Ihr Hund auf Schritt und Tritt folgt. Es hat meist andere Ursachen, wenn er nicht von allein eine Weile zur Ruhe kommt. Eine wichtige Übung ist es daher, Ihren Hund an seinen Platz zu schicken und ihn dort abliegen zu lassen. Stellen Sie sich ein kleines Kind vor, das schon so müde ist, dass ihm die Augen zufallen, und statt sich hinlegen zu können, dreht es immer mehr auf und wird immer lauter und aufgedrehter. Dann nehmen es die Eltern an der Hand oder auf den Arm und legen es hin, damit es sich körperlich und geistig ausruhen und wieder zu Kräften kommen kann. Natürlich ist die Voraussetzung immer vorhergehende ausreichende geistige und körperliche Auslastung!

Zwei Dinge sind also wichtig für Ihr Training: Weisen Sie Ihrem Hund einen Platz zu und üben Sie mit ihm, dass er sich auf Ihr Signal auf diesen Platz begibt und dort auch liegen bleibt. Ich persönlich empfehle hierfür ein anderes Signal als für das Ablegen in unterschiedlichen anderen Situationen, wo sich der Hund hinlegen soll. So kann z.B. „Platz" das Hinlegen an Ort und Stelle bedeuten, während „Geh auf deinen Platz" bedeutet, dass er zu seinem Bett gehen und sich hinlegen soll. Damit es nicht zu Missverständnissen kommt: Das Ruhetraining bedeutet nicht, dass Ihr Hund generell nicht dort liegen darf, wo er möchte, wenn er von selbst die Ruhe sucht! Sie benötigen jedoch einen Bezugspunkt für Ihr Signal, mit dem Sie ihm helfen möchten, zur Ruhe zu kommen, wenn er dies nicht allein schafft – und ihm gleichzeitig die Verantwortung abnehmen, auf irgendjemanden oder irgendetwas aufpassen zu müssen.

Sicherheitsrelevante Übungen

Wozu soll ich mit meinem Hund irgendwelche Übungen trainieren? Wozu soll mein Hund Fuß gehen können oder sich hinsetzen? Ich brauche das alles nicht. Mein Hund ist lieb und total brav und wir begegnen sowieso nie jemandem. Das interessiert uns auch nicht.

Ja, wozu denn das Ganze? Aus sehr vielen Gründen ersuche ich Sie dringend, ein gewissenhaftes Grundlagentraining mit Ihrem Hund durchzuführen:

- Halten Sie sich vor Augen, dass Sie in Notsituationen auf abrufbare Verhaltensweisen zurückgreifen können müssen. Es gibt Fälle, in denen Sie weder etwas dafür können noch etwas Bestimmtes abzusehen war. Dann müssen Sie richtig reagieren können, um Gefahr für Mensch und Tier abzuwenden. Hierzu gehören ein gutes Grundlagentraining und ein gewisses Repertoire an Signalen, mit denen Sie Ihren Hund anleiten können. So musste ich z.B. einmal auf die Schnelle mein Rudel am Gehsteig absitzen lassen, um einem am Boden liegenden älteren Mann aufzuhelfen, der von selbst nicht mehr aufstehen konnte.
- Aus Sicherheit für Ihren Hund. Ganz einfach. Wie schon einmal erwähnt, befinden wir uns in einer vom Menschen dominierten und geschaffenen Welt, in der sich Ihr Hund anfangs vielleicht nur schwer zurechtfindet und viele Gefahren einfach noch nicht abschätzen kann. Es liegt in Ihrer Verantwortung, für seine Sicherheit zu sorgen.
- Aus Sicherheit für andere Menschen. Auch ganz einfach. Hier kann es sich um unerfahrene Menschen handeln, die sich unsachgemäß Ihrem Hund nähern und ihn unhöflich anfassen (und das kann schnell gehen, so schnell, dass Sie, obwohl Sie daneben stehen, nicht mehr rechtzeitig eingreifen können). Es kann sich jedoch auch um erfahrene Menschen handeln, wie z.B. Ihren Tierarzt, dem Sie Stress ersparen können – genauso wie natürlich auch hier in all diesen Situationen ganz speziell Ihrem Hund!

Wenn Sie ihm die Chance gegeben haben, vieles im Vorhinein kennenzulernen und sich daran zu gewöhnen, geben Sie ihm das beste Rüstzeug, mit unvorhergesehenen Dingen klarzukommen sowie Situationen flexibel zu meistern, ohne dass sein Stresslevel (Sie erinnern sich an das Fass?) extrem steigt und seine Reaktionen sich aus bewussten Verhaltensweisen in Instinkthandlungen verwandeln.

Ihr Hund hat mehrere Möglichkeiten, auf Reize, die bei ihm akuten Stress auslösen, instinktiv zu reagieren: mit Flucht, mit Aggression oder mit Totstellen (Herumkaspern zähle ich jetzt einmal nicht dazu, falls Sie diese Verhaltensantworten bereits einmal kennengelernt haben). Ich möchte jedoch nicht, dass Ihr Hund genau in so eine geringe Auswahl an Handlungsalternativen hineingerät – vor allem geschieht diese „Auswahl" nicht auf einer bewussten Ebene.

Praktische Übung

Hier ist also meine Liste mit Übungen, die ich für sicherheitsrelevant erachte (eine Checkliste finden Sie wieder im Anhang):

- Futter langsam aus der Hand nehmen (gerade für ehemalige Straßenhunde eine sehr wichtige Übung; unterschätzen Sie nicht den möglichen Futterneid dieser Tiere. Sie vergessen nicht, dass sie einmal Hunger gelitten haben. Es läuft hier ein unbewusstes Muster ab: Futter, ich muss es haben.)
- Sich setzen
- Sich hinlegen
- Am Platz bzw. in der jeweiligen Position bleiben und warten
- Aus der Bewegung stehenbleiben
- Im Auto sitzen bleiben, bis das Ausstiegssignal kommt
- Auf Signal links oder rechts von Ihnen gehen
- Krallen pflegen, Ohren und Augen kontrollieren
- Kennenlernen des Tierarztes und des Untersuchungsganges ohne akuten Anlassfall
- Besucher in den eigenen vier Wänden akzeptieren
- Pfoten und Fell abtrocknen

Die folgenden Übungen sind ebenfalls sicherheitsrelevant und wichtig, sind jedoch erst nach der Eingewöhnungszeit und bei unsicheren Hunden nach dem Erreichen eines gewissen Maßes an Stabilität, Sicherheit sowie Selbstvertrauen zu empfehlen:

- Sich am Kopf tätscheln lassen (Seien Sie sich bewusst, dass dies für Ihren Hund unhöflich ist!)
- Am eigenen Platz gestört werden (Auch dies ist ausschließlich zu Übungszwecken zu trainieren und sollte niemals in den Alltag integriert werden! Es ist der Platz Ihres Hundes, an dem er auch in Ruhe gelassen werden soll. Doch was ist, wenn einmal ein Kleinkind zu Besuch ist und schnell zum Hundeplatz krabbelt, der gerade besetzt ist?)
- Begrenzte Zeit allein bleiben
- Gassigehen mit weiteren Bezugspersonen, nicht nur mit dem Hundehalter
- Füttern durch weitere Bezugspersonen

Ihr Hund wird Ihnen diese gewissenhafte Vorbereitung auf das Zusammenleben und die verantwortungsvolle Integration nicht „danken", nein. Sie wissen ja, was ich zum Thema dankbarer Hund zu sagen habe. Durch die Sicherheit, die Ihr Hund jedoch durch die aufgelisteten Übungen erlangt, durch die Sicherheit, die Sie persönlich damit erreichen und wiederum automatisch auch Ihrem Hund authentisch kommunizieren können, bildet sich eine ganz andere Qualität des Zusammenlebens aus – und gibt Ihrem Hund Halt. Dieser basiert auf Vertrauen, Respekt, Verlässlichkeit und Verantwortungsübernahme durch Sie. Vielen Dank dafür!

Muster – die treuen Begleiter

Unsere liebgewonnenen Muster, ja, was heißt das eigentlich, wenn ständig alle von Mustern reden? Was sollen Sie als Halter eines Tierschutzhundes damit anfangen? Und warum sind viele Trainer oder Methoden erpicht darauf, diese Muster zu verändern? Aufzubrechen?
Unter Muster versteht man, dass gewisse Dinge immer auf die gleiche Art und Weise betrachtet, bearbeitet, verarbeitet werden, dass gewisse Reize bei uns immer dieselbe Verhaltensantwort auslösen. Dies hat sowohl positive als auch negative Seiten! Wenn man etwas rasch erledigen möchte, geht man doch automatisch einmal den altbewährten, ausgetretenen Weg, den man sehr gut kennt, mit geschlossenen Augen praktisch. Vorteile hierbei sind ein gewisses Maß an Sicherheit, Effizienz sowie Schnelligkeit. In neuen Situationen ist das auch durchaus hilfreich, wenn man sich nicht zusätzlich auch noch mit einem neuen Weg mit überraschenden Kurven, unterschiedlichen Bodenuntergründen und -unebenheiten auseinandersetzen muss, sondern sich rein auf das neue Setting (die Landschaft rundherum und das Ziel) konzentrieren kann. Unsere Muster haben also durchaus eine Daseinsberechtigung!

Es besteht jedoch die Gefahr, dass man, wenn man immer nur alte Wege beschreitet, nichts Neues ausprobiert und so vielleicht einen noch schnelleren, angenehmeren, effizienteren Weg verpasst. Viele Muster, die wir uns angeeignet haben, sind suboptimal oder einfach nicht mehr zeitgemäß und können uns an einer Weiterentwicklung sowie Förderung unseres Wohlbefindens hindern. Deswegen ist es so wichtig, sie aufzuspüren und immer wieder auf Sinnhaftigkeit zu überprüfen.

Gleich einmal vorweg: Sowohl Hund als auch Halter sind nicht davor gefeit, in alte Muster zu verfallen! Gerade in Stresssituationen sind wir darauf ausgelegt, die (für uns) als sicher abgespeicherten Handlungsmuster zu aktivieren. Aber sind diese Muster denn auch wirklich sicher und immer sinnvoll? Ein Angsthund kann aus Gewohnheit z.B. immer beim Anblick neuer Gegenstände auf die Seite springen – egal, ob er sich auf der Wiese oder auf dem Gehsteig neben einer stark befahrenen Straße befindet. Sie können als Halter hier für Ihren Hund etwas zum Positiven verändern, indem Sie ihm zeigen, dass es Alternativen zu dieser Verhaltensantwort gibt. Sie können ihm aus diesem Muster heraushelfen und sein Leben damit sowohl sicherer als auch angenehmer gestalten.

Für die Arbeit mit Ihrem Tierschutzhund bedeutet das: Zeigen Sie ihm jeden Tag etwas Neues! Vergessen Sie dabei bitte nicht, dass auch Kleinigkeiten schon Neuigkeiten für ihn sein können (Thema Ruhephasen bitte beachten). Arbeiten Sie mit ihm an seiner Flexibilität sowie der Ruhe, dass er sich zunächst etwas ansieht, bevor er beginnt, irgendein Muster abzurufen.
Bitte beachten Sie jedoch Folgendes: Auch wenn Ihr Hund noch so brav und vertrauensvoll geworden ist – vergessen Sie niemals, wie er bei seiner Ankunft bei Ihnen war, denn genau dieses Wesen wird er in Situationen, in denen er Angst bekommt oder Stress hat, wieder zeigen. Vielleicht tritt es weniger stark auf, vielleicht ist es kontrollierbarer – aber man muss damit rechnen! Das bedeutet auch, dass Sie Ihren Hund immer gut sichern, wenn Sie ihn an etwas Neues heranführen bzw. in neue, stressigere Situationen bringen.

Denken Sie daran: Wenn der Hund Stress hat, hat der Besitzer auch Stress. Und wozu führt das wiederum? Richtig. Besitzer und Hund greifen auf alte Muster zurück, die einem zufriedenen Zusammenleben manchmal im Weg stehen. Um nicht selbst ungewollt in Muster zu verfallen, sondern flexibel handlungsfähig zu bleiben, können Sie als Besitzer mit bewusster Atmung, Muskelentspannung sowie Kieferlockerung aktiv gegensteuern.
Beim Training ist es wichtig, das Loslassen zu üben. Damit meine ich nicht, dass Sie an Ort und Stelle einfach die Leine fallen lassen und die Führung abgeben. Viele Probleme im Handling ergeben sich jedoch aus einem Festhalten an Mustern. Ein Beispiel hierfür ist die Leinenführigkeit – oder die eben nicht vorhandene Leinenführigkeit.

Der Hund zieht und der Besitzer hängt hinten dran. Beide merken manchmal schon gar nicht mehr, dass ein ständiger Zug/Druck vorhanden ist. Um diesem Muster gar nicht erst Raum zu geben, ist es wichtig, annehmen und wieder nachgeben (!) zu üben. Manchmal muss man zuerst absichtlich und bewusst loslassen (auch in einer Stresssituation), um dann wieder Signale geben zu können, die von der anderen Seite auch aufgenommen werden können. Unter Dauerbelastung (Zug, Druck) lässt sich kein Signal richtig geben, geschweige denn erkennen!
Falls Ihr Hund und/oder Sie mit alten Mustern zu kämpfen haben, aus denen Sie selbst gerade keinen Ausweg finden: Scheuen Sie sich bitte nicht davor, professionelle Hilfe durch einen Trainer oder Berater in Anspruch zu nehmen! Oft helfen bereits kleine Veränderungen, alte, eingefahrene Muster zu durchbrechen. Und ein Außenstehender sieht so etwas meist schneller.

Damit keine Verwirrung entsteht, möchte ich zum Abschluss dieses Kapitels noch den Unterschied zwischen **Ritual** und **Muster** erklären: Rituale sind wichtig, um Ihrem Tier den benötigten Rahmen sowie Sicherheit zu geben. Für mich unterscheiden sich Rituale von Mustern dadurch, dass Rituale von mir selbst festgelegte Handlungsweisen sind, die ich aktiv einsetze und beginne. Im Gegensatz dazu werden Muster zumeist automatisch als Reaktion auf etwas abgerufen.
Ich bin mir ganz sicher: In der nächsten Zeit werden Sie auf diesen Unterschied sehr genau achten und Möglichkeiten erkennen, gewisse Dinge, die Sie vielleicht schon länger gestört haben, zu verändern.

Stressabbau mit ganzheitlichen Methoden

Sie haben ja bereits gelesen: Der Umgang mit Ihrem Tierschutzhund ist ein weites Feld und berührt sehr viele verschiedene Themenbereiche. Er betrifft Ihr Zuhause, Ihre innere Einstellung, das Hundetraining und vieles mehr. Die bewusste Integration eines Tieres, dessen Geschichte man nicht kennt, das möglicherweise Angst hat und dessen Verhaltensantworten noch auf alten Mustern basieren, ist eine Herausforderung – und gleichzeitig ein wunderschöner Lernprozess. Sie können Ihren Hund auch in energetischer Hinsicht begleiten und fördern!

Warum ist es so wichtig, Ihren Hund ganzheitlich zu betrachten? Wussten Sie zum Beispiel, dass Verspannungen Einfluss auf die Organe haben können? Dass der Körper sowohl auf **physischen** (z.B. Unfälle, Verletzungen) als auch **psychischen Stress** (z.B. Bedrohung, Überforderung, Reizüberflutung) reagiert und dadurch in seiner Funktion gestört wird? Die Berücksichtigung dieses Kreislaufs, dieser gegenseitigen Beeinflussung von Körper, Geist und Seele, vereinfacht die Adoption Ihres Tierschutzhundes ungemein und hilft beim Vertrauens- und Bindungsaufbau zum neuen Besitzer! Ich möchte Ihnen nachfolgend einige einfache Anwendungsmöglichkeiten vorstellen, die Sie bei der Eingewöhnung und generell beim Zusammenleben mit Ihrem Tierschutzhund nutzen können.

In der Traditionell Chinesischen Medizin (kurz TCM) wird jeder Krankheit, jedem Unwohlsein eine Störung im Energiekreislauf zugrunde gelegt. Chi, unsere Lebensenergie, fließt in unterschiedlichen Bahnen durch unseren Körper – und natürlich auch durch den Körper unserer Tiere! Verschiedene Situationen können sogenannte **Energieblockaden** auslösen. Das sind Bereiche, in denen die Lebensenergie nicht mehr ordentlich fließen kann. Es staut und steckt fest, was zu einer Unter- und Überversorgung (sogenannte Fülle- und Leerzustände) in den jeweiligen Bereichen führt – und damit den ganzen Körper aus der Balance bringt.
Die Ursache solcher Blockaden kann einerseits auf physischer Ebene gefunden werden, wie z.B. durch Unfälle, Operationen sowie auch auf emotionaler Ebene (Zorn, Unvermögen sich auszudrücken usw.). Doch es ist wichtig, diese Bereiche nicht getrennt zu sehen! Körper, Geist und Seele beeinflussen sich gegenseitig.

Angst, Unsicherheit, Stress zeigen sich oft in einer unnatürlichen Körperhaltung!

Manche Hunde richten sich extrem auf, andere wiederum ducken sich ständig, klemmen die Rute ein, der Rücken ist angespannt, hart, hat warme Stellen, die Hinterbacken werden zusammengeklemmt, der Kiefer angespannt. Diese Verspannungen gehen mit einer schlechteren Durchblutung der betroffenen Regionen einher und mit Schmerzen, welche wiederum das Verhalten negativ beeinflussen. Es entsteht ein Teufelskreis.
Soweit muss es jedoch noch gar nicht kommen, wenn Sie schon von Anfang an im Umgang mit Ihrem Tierschutzhund ein paar kleine Grundregeln einhalten und in Ihren Alltag einfließen lassen.

Yin und Yang beim Hund

In der TCM gibt es zwei verschiedene Hauptflussrichtungen des Chi: Die Yin- und die Yang-Flussrichtung. Ganz vereinfacht zusammengefasst, lassen sich dem Yang aktivierende Eigenschaften zuordnen, während das Yin sich durch kühlende, entspannende, beruhigende Aspekte beschreiben lässt. Zur Yang-Region zählen unter anderem die Kopf- und Halsoberseite sowie der Rücken (Energieverlauf ist vom Kopf zur Rute!), zur Yin-Region die Kopf- und Halsunterseite sowie Brust und Bauch (Energieverlauf ist von der Rute zum Kopf!).
Wenn Sie nun einen nervösen, unsicheren, hibbeligen Tierschutzhund vor sich haben, ist es empfehlenswert, ihn nicht zusätzlich auf dem Kopf zu tätscheln und die Yang-Seite zu stimulieren. Ich rate Ihnen hier zu einem bewussten Annähern von der Yin-Seite her, das heißt, fassen Sie Ihren Hund bitte nicht von oben auf den Kopf, sondern ziehen Sie es vor, ihn sanft an der Brust sowie am Unterkiefer zu streicheln, und zwar von hinten nach vorne, das heißt von der Bauchseite zum Unterkiefer nach vorne.

Streicheln Sie ihn nicht einfach irgendwie, sondern machen Sie bewusste, mittelkräftige Striche. Stellen Sie sich dabei vor, wie sich hier Energie bewegt. Reagiert Ihr Hund anfangs noch zurückhaltend auf die Annäherung mit Ihrer Handfläche, drehen Sie die Hand doch einfach um und streicheln ihn achtsam mit dem Handrücken in der eben beschriebenen Richtung. Sie werden beobachten können, wie er sich besser entspannen kann, wenn Sie so höflich und bewusst mit ihm in Kontakt treten. Sie erwischen damit auch gleich zwei Fliegen mit einer Klappe, denn abgesehen von der ganzheitlichen Betrachtung lassen sich viele Tierschutzhunde nur ungern direkt von oben auf den Kopf fassen – zu schlecht sind hier oft die Erfahrungen mit Hundefängern oder anderen menschlichen Übergriffen.

Körperarbeit

Das innere Gleichgewicht Ihres Hundes kann auch von außen beeinflusst werden. Die Körperhaltung ist ein wesentlicher Spiegel der inneren Befindlichkeit des Tieres. Sind Sie daran interessiert, auch selbstständig mit dem Körper Ihres Hundes zu arbeiten, empfehle ich Ihnen den Besuch des einen oder anderen Workshops in diese Richtung. Es gibt viele unterschiedliche Zugänge und Methoden und hier gilt dasselbe, wie eingangs zum Thema Training beschrieben: Lassen Sie Ihr Bauchgefühl entscheiden gepaart mit Ihrem Verstand. Welche Philosophie steht dahinter? Wie wird gearbeitet? Was soll erreicht werden? Macht Ihnen die Anwendung selbst Spaß und können Sie sich vorstellen, diese Methode regelmäßig und selbstständig zu Hause anzuwenden? Dann probieren Sie es bitte aus. Etwas zu tun ist die Zauberformel.

Worauf können Sie achten?

Ungleichgewichte zeigen sich unter anderem durch Veränderungen der Fellstruktur bzw. -qualität, Temperatur einzelner Körperregionen, Fühligkeit in bestimmten Bereichen, Muskelspannung sowie am Hautbild (Schuppen, Entzündungen usw.).

Beobachten Sie bitte Ihr Tier diesbezüglich. Sollten Sie etwas feststellen, kann Ihnen zusätzlich zur Abklärung aus tierärztlicher Sicht auch ein Tierenergetiker oder Tierheilpraktiker weiterhelfen. (Wie immer der Hinweis: Die Inanspruchnahme einer tierenergetischen Dienstleistung ersetzt nicht den Tierarztbesuch!)

Praktische Übung

Wie fühlt sich das Fell an? Weich und samtig oder eher struppig? Entspricht es der Rasse (der möglichen Rassemischung), fühlt es sich an wie immer oder gibt es Bereiche, wo sich auf einmal die Haare aufstellen, querlegen oder ausfallen? Ist der Körper überall gleich warm oder gibt es am Rücken auf einmal eine heiße Stelle? Sind die Pfoten eiskalt oder angenehm warm? Vielleicht ist nur eine Pfote eiskalt und die anderen warm? Zuckt Ihr Hund bei der Berührung mancher Körperstellen? Hält er hier kurz die Luft an?
Es macht übrigens keinen Sinn, dann immer wieder die gleiche Region abzustreichen, da sich hier dann bereits eine Veränderung durch ihre Berührung eingestellt haben kann. Registrieren Sie die Details bereits beim ersten Mal!

Eine wichtige Übung, um Ihrem Tierschutzhund dabei zu helfen, sein Gleichgewicht zu bekommen oder auch zu behalten, ist das Erden. Hierbei streichen Sie alle vier Beine Ihres Tieres bewusst von oben nach unten in den Boden aus. Achten Sie besonders bei den Pfoten darauf, dass Sie die Zehen entlangstreichen und in den Boden hineinstreichen (Sie dürfen ruhig auch den Boden „streicheln".). Dasselbe gilt für die Rückseite der Beine. Dies wiederholen Sie mehrmals hintereinander. Achtung: Sollte Ihr Hund gerade Probleme mit dem Kreislauf haben, empfehle ich diese Übung nicht.

Ich möchte in diesem Kapitel auch nochmals auf die Verwendung von **Körperbandagen** hinweisen, die einen sehr positiven Effekt auf die Körperwahrnehmung und damit auch auf Unsicherheit/Angst haben!

Intention und Sprache

Die Wichtigkeit der **bewussten Verwendung von Sprache und Intention** wird z.B. in der Forschung von Masaru Emoto deutlich. Anhand von elektronenmikroskopischen Bildern von Wasserkristallen konnte Emoto den Einfluss von positiv und negativ besetzten Worten auf Wasser abbilden. Positive Worte ließen das Wasser symmetrische und wunderschöne Kristalle ausbilden, während z.B. durch Schimpfworte oder schlechte Umweltbedingungen ungleichförmige und in ihrer Struktur kaum erkennbare Kristalle entstanden sind.

Wichtig!

- Wenn Sie mit Ihrem Hund sprechen, **formulieren Sie die Inhalte positiv.** Reden Sie Ihren Hund nicht schlecht und sagen Sie ihm nicht, was er für ein Trottel sei, weil er immer noch Angst habe, oder dass er eine Nervensäge sei.

- **Sprechen Sie aus, was Sie sehen wollen,** nicht, was Sie nicht haben wollen! Fokussieren Sie auf die Verhaltensweisen, die Ihr Hund zeigen soll. Anstatt also das nächste Mal zu sagen (und sich das dabei vorzustellen, denn das passiert automatisch, wenn Sie Sätze in Ihrem Kopf bilden!): Du sollst nicht raufspringen (auf die Couch oder auf einen Menschen), formulieren Sie das gewünschte Bild ganz einfach wie folgt: Bleib unten. Damit fokussieren Sie ganz klar auf das Endergebnis, das Sie haben wollen: Der Hund soll seine vier Beine auf dem Boden belassen, in Ruhe und in Selbstkontrolle. Die Worte passen damit zu dem Bild, das Sie in Ihrem Kopf kreieren möchten, bzw. zu dem Verhalten, das Sie Ihrem Hund beibringen möchten.

- Es gibt Studien, die darauf hinweisen, dass es durch rein **gedankliches Training** zu einer **tatsächlichen physischen Veränderung** kommen kann. (Ich empfehle Ihnen bei Interesse hierzu das Buch „Intention – Mit Gedankenkraft die Welt verändern" von Lynne McTaggart.) Das heißt also, dass Ihr Gehirn, wenn Sie sich Handlungsabläufe vorstellen, bereits Vorkehrungen für diese möglicherweise eintretenden Handlungen trifft und somit schneller auf solche Situationen reagieren kann.

Nachdem Mensch und Tier zu einem sehr hohen Prozentsatz aus Wasser bestehen, verstehen Sie sicherlich, welchen Einfluss Ihre Worte nicht nur auf die Psyche Ihres Gegenübers haben, sondern auch auf die biologische Zusammensetzung des Körpers!

Sollten Sie mit Ihrem Tierschutzhund bereits gewisse Gegebenheiten kennengelernt haben, in denen er unsicher reagiert, arbeiten Sie an Ihrer eigenen Gedankenkraft. Stellen Sie sich die jeweiligen Umstände vor. Es ist eine Stresssituation, in der Sie höchstwahrscheinlich zu eigener An-/Verspannung neigen, die Kiefer aufeinanderpressen, zu schwitzen beginnen, kurz – in Alarmbereitschaft sind.

Praktische Übung

Nun üben Sie im Trockentraining, also rein mental, die Bewältigung dieser Situation mit Ihrem Hund. Sie atmen regelmäßig ein und aus, lassen die Spannung in Ihrem Körper los, achten auf einen geerdeten, sicheren Stand auf dem Boden. Sie führen Ihren Hund, der sich ebenfalls locker bewegt und die Rute im Entspannungszustand trägt, weiter atmend durch diese Herausforderung durch, die Sie sich konkret vorstellen. Dabei sehen Sie den Weg, räumliche Markierungen wie Bänke o. Ä. vor sich. Während Sie dies in Gedanken trainieren, spüren Sie ein Gefühl der Erleichterung (oder welches Gefühl auch immer für Sie erstrebenswert ist). Ihr Körper ist leicht und Sie empfinden die Freude über einen gelungenen Spaziergang mit Ihrem Begleiter.

Achten Sie auf eine **positive Namensgebung.** Wie schon im Kapitel „Nomen est omen" erwähnt, werden Namen bereits seit langer Zeit mit der ihnen entsprechenden Bedeutung verwendet. Überlegen Sie sich im Vorfeld, welche Eigenschaften Ihren Hund unterstützen können und suchen Sie sich einen dazu passenden Namen aus. (Einer meiner Hunde wurde von der Tierschutzorganisation „Barky" genannt. „To bark" bedeutet im Englischen „bellen". Das habe ich sehr schnell geändert, bevor sich das manifestiert.)

Essenzen

In den ersten Tagen der Eingewöhnung Ihres neuen Familienmitglieds hat sich die Anwendung der **Bachblüte Walnut** sehr bewährt. Diese sollten sowohl bereits alteingesessene Familienmitglieder bekommen als auch der Neuling – denn eine Umstellung ist es definitiv für alle!
Walnut ist die Blüte der Veränderung und kann bei Umzügen sowie Urlaubsfahrten genauso zur Anwendung kommen wie bei Sterbefällen – oder eben der Integration eines neuen Familienmitglieds.
Sie haben mehrere Möglichkeiten, die Bachblüte einzugeben: Zum einen gibt es fertige Einnahmemischungen (erhalten Sie in der Apotheke), die bereits die verdünnte Essenz enthalten. Erwachsene Hunde bekommen 4-mal 4 Tropfen täglich, Jungtiere 4-mal 2 bis 3 Tropfen täglich. Üblicherweise sollten die Tropfen nicht gemeinsam mit Futter gegeben, sondern direkt ins Maul getropft werden.
Es gibt jedoch sehr viele Hunde, für die diese Vorgangsweise großen Stress bedeutet. Wenn Sie bedenken, dass Sie einen Hund aus dem Tierschutz aufnehmen, sollten Sie sich Alternativen überlegen. Ich persönlich empfehle es nicht, den Hund ganzheitlich zu unterstützen und dabei aber mehr Stress aufzubauen als ohne diese „Unterstützung". Auf die Pfote tropfen und ablecken lassen wäre eine Alternative. Oder Sie besorgen sich eine sogenannte Stockbottle, das ist die unverdünnte (konzentrierte) Blütenessenz. Geben Sie davon etwa 2 Tropfen in den Trinknapf des Hundes (der Hunde). Wechseln Sie das Wasser täglich (sollte natürlich selbstverständlich sein).
Sollten schon Tiere in Ihrem Haushalt leben, beginnen Sie mit der Gabe bereits einige Tage vor der Ankunft des neuen Hundes. In Summe beträgt die Einnahmedauer etwa drei bis vier Wochen.
Es gibt Bachblütenmischungen eigens für Haustiere, die einen geringeren Alkoholgehalt haben oder gänzlich auf Alkohol verzichten (und trotzdem einige Jahre haltbar sind). Außerdem gibt es auch Bachblüten-Globuli.
Zusätzlich kann für Ihren Hund (und für Sie selbst!) die **Rescue Remedy Bachblütenmischung** sehr hilfreich sein. Einsatzbereiche sind z.B. Schock, Angst, Unfälle, Verletzungen, aber auch Umzugsstress usw. Diese Blütenmischung ist auch als Spray erhältlich. Bitte sprühen Sie damit Ihren Hund aber nicht einfach ein. Wie bereits in den letzten Kapiteln erwähnt, können Sie sein Vertrauen nur gewinnen, wenn Sie höflich und respektvoll Kontakt aufnehmen. Ihrem Hund gleich zu Beginn ins Gesicht zu sprühen, gehört da wohl nicht dazu.
Sie können die oben erwähnten Methoden anwenden. Bei noch unsicheren Hunden besteht auch die Möglichkeit, dass Sie selbst ein paar Tropfen auf die Handfläche nehmen und Ihren Hund dann damit streicheln. Sollte es Ihrem Hund nichts ausmachen, ist es jedoch auch sehr effizient, die direkte Umgebung des Tieres mit der Rescue-Mischung einzusprühen (sozusagen die „Luft" um den Hund herum).
Sehr gute Erfahrungen habe ich weiters mit dem Einsatz des **Pink Pomander von Aura Soma** gemacht. Ein paar Tropfen in die Hand geben, verreiben und in der Aura des Hundes (einige Zentimeter oberhalb des Fells) verteilen. Besonders im Brustbereich fördert die Anwendung Geborgenheit und Vertrauen.

1+1
≠

Zu guter Letzt...

... möchte ich noch ein paar allgemeine Worte zum Thema Tierschutz „loswerden". Tierschutzarbeit ist nichts, was in zehn Minuten erklärt werden kann. Es gibt vielfältige Problemstellungen sowie unterschiedliche länderspezifische Ausgangs- und Lebenssituationen. Wie bereits erwähnt, ist Tierschutzarbeit Knochenarbeit, die vor allem auch die Psyche der Beteiligten vor große Herausforderungen stellt. Der Anblick von notleidenden Tieren belastet genauso wie die Ignoranz und Brutalität vieler Menschen. Leider ziehen viele Tierschutzorganisationen auch nicht an einem Strang – ganz das Gegenteil ist häufig der Fall. Persönliche Angriffe stehen an der Tagesordnung. Zusätzlich müssen Seriosität sowie Transparenz der jeweiligen Projekte geprüft werden.
Aufgrund dieser Ausgangslage bitte ich daher jeden meiner Leser darum, so objektiv wie möglich in diesem Bereich aktiv zu werden. Keinem ist geholfen – und schon gar nicht den Tieren –, wenn das, worum es wirklich geht, aus den Augen verloren wird.

Da es mir persönlich ein großes Anliegen ist und europaweit immer mehr Tiere aus dem Ausland die Reise in ihr neues Zuhause antreten, möchte ich nochmals genauer auf das Straßenhunde-Management eingehen.
Was halten Sie von unserer Illustration auf dem Cover des Buches? Ist der Hund zwischen den Mülltonnen nicht arm? Und träumt er ganz sicher von einem festen Zuhause mit Struktur, Futter – und Menschen? Mit Grenzen? Sind Sie der Überzeugung, dass ausnahmslos jeder Hund ein Zuhause braucht? Glauben Sie, dass sich jeder Hund nach einem Leben in einem Haus sehnt und sich dafür eignet?

Da muss ich Sie leider enttäuschen, denn ich bin nicht dieser Überzeugung. Aus eigener Erfahrung muss ich sagen, dass es Tiere gibt, die für eine Vermittlung einfach nicht geeignet sind. Für diese Tiere ist es nicht das Beste, wenn man sie quer durch die Länder transportiert, um ihnen irgendwo ein „sicheres" Leben zu ermöglichen. So sicher, dass sie vielleicht niemals rausdürfen, dass sie in einem Keller eingesperrt sind, weil es einfach nicht möglich ist, sie in den Garten zu lassen, weil sie vor Panik flüchten oder sich schwer verletzen würden. Ist es das Beste für einen ehemaligen Straßenhund, in einem Keller eingesperrt zu sein, wo er zwar Futter bekommt und in Sicherheit vor Hundefängern und anderen Gefahren ist, aber seine Krallen so lang werden, dass er kaum schmerzfrei gehen kann, weil er nicht die Möglichkeit hat sie abzulaufen? Ist es das Beste für diesen Hund, wenn er solche Angst hat, angefasst zu werden, dass er sogar seine einzige, wohlmeinende Bezugsperson von oben bis unten ankotet und -uriniert, wenn er hochgehoben wird? Nach einer sehr langen Zeit der Betreuung? Ist es das Beste für diesen Hund, in ein Tierasyl hinter hohe Zäune zu kommen, nur damit er „gerettet" wurde? Ich habe eine ganz deutliche Meinung dazu: Nein!

An die Tierschutzorganisationen appelliere ich daher, nur Tiere zur Vermittlung zu bringen, die sowohl körperlich als auch psychisch dazu in der Lage sind. Das bedeutet, dass sie zum Zeitpunkt des Transports frei von ansteckenden Krankheiten sowie in ausreichend starker Grundverfassung für die anstrengende Reise und für die Integration in ein Familienleben geeignet sein müssen. Es gilt die Unterscheidung zu treffen: Habe ich einen Hund vor mir, der schlechte Erfahrungen mit Menschen gemacht hat, deswegen scheu ist, aber in den richtigen, kompetenten Händen durchaus ein gutes Leben in einer Familie führen kann? Oder handelt es sich um ein tatsächlich wildes Tier, das keinerlei Bezug zu Menschen hat? Wie sieht die Gefährdungslage für die jeweiligen Tiere generell aus? Wie agieren die zuständigen nationalen Behörden? Gibt es eine Zusammenarbeit, die das Recht der Tiere auf Leben wahrnimmt, oder werden Tötungsgesetze forciert? Werden die Tiere von Anrainern mit Wasser und Futter versorgt? Sind sie kastriert, markiert, geimpft?

An jeden einzelnen meiner Leser appelliere ich: Ermöglichen Sie nachhaltigen Tierschutz durch die Unterstützung von nationalen Kastrationsprojekten. Jedes kastrierte Tier in Ländern mit Straßentieren bedeutet, dass Leid verhindert wird. Fördern Sie Projekte zur Bildung und Ausbildung der Menschen vor Ort sowie der heimischen Tierärzte, um nachhaltigen Schutz der Tiere zu gewährleisten. Leider gehört es heutzutage für viele Kinder zum Alltag, Gewalt an Tieren mitzuverfolgen. Adoptionen sind kurz- und mittelfristig wichtig und richtig, um den vorhandenen Tieren Leid zu ersparen, langfristig jedoch muss die Straßenhunde-Population verringert werden. Zusätzlich muss finanzschwachen Hundehaltern in diesen Regionen geholfen werden, indem die medizinische Versorgung der Tiere gewährleistet wird. Dies verhindert ein Aussetzen oder Abschieben in öffentliche Tierheime.
Ich habe die Erfahrung gemacht, dass es Sinn macht, sich ein oder zwei Projekte auszusuchen, die man kontinuierlich unterstützt. Damit kann man Veränderungen verfolgen sowie Kontakte aufbauen. Schauen Sie sich an, welche Zielsetzung die einzelnen Projekte haben (z.B. medizinische Betreuung der Hunde wie Impfungen, Entwurmungen, Akutversorgung, Futter, Einrichtung von Veterinärstationen, Ausbildung von Tierärzten, Kastrationsaktionen, Vermittlungen). Die Qualität eines Projektes hängt nicht von dessen Größe ab, sondern primär von den Menschen, die es leiten, vom Konzept und der Transparenz. Helfen Sie den Tierschutzorganisationen, diese grundlegenden Dinge in den verschiedenen Ländern anzustoßen und umzusetzen. Reden Sie mit Menschen! Die meisten haben keine Ahnung, was rundherum auf unserem Kontinent mit den Tieren passiert. Die gesamte Problematik gehört präsenter gemacht, leider wird in den Medien darüber größtenteils geschwiegen.

Man darf jedoch auch nicht vergessen, dass es den Tieren oft dort schlecht geht, wo es den Menschen schlecht geht, das heißt, bitte unterstützen Sie auch Projekte, die für Menschen da sind, die Kindern einen Schulbesuch ermöglichen! Neben Kastrationsprojekten ist Bildung der große Eckpfeiler von nachhaltigem Tierschutz. Armut und unterschiedliche Bildungsschichten erzeugen eine große Kluft zwischen den Menschen, was wiederum das Aggressionspotenzial erhöht. Leidtragende sind vornehmlich die schwächsten Glieder in der Kette und dazu gehören Tiere.

Sie müssen Folgendes bedenken: Auch Menschen sind genauso wie unsere Hunde nicht von Haus aus schlecht, aggressiv, brutal. Diese Verhaltensweisen haben Gründe, haben Ursachen, sie liegen im sozialen Umfeld, in der Armut, in Hunger, Perspektivlosigkeit, Eintönigkeit, Langeweile usw. Nachhaltiger Tierschutz wurzelt für mich auch darin, dass diese Probleme angegangen werden. Nicht zuletzt gibt es auch sehr viele arme Menschen, die zuerst ihre Tiere versorgen, bevor sie selbst etwas essen.
Das ist ein großes Feld, das ist mir bewusst, aber wenn jeder Kleinigkeiten übernimmt, dann verändert sich schon sehr viel. Je nach Möglichkeiten kann man mit Sachspenden oder finanziellen Mitteln unterstützen, aber auch durch seelischen Beistand: Ganz viele Tierschützer benötigen die Gewissheit, dass sie nicht allein kämpfen, bei dem ganzen Leid, das sie täglich sehen und miterleben müssen. Anerkennung ihrer Arbeit und ihrer Dienste im Sinne der Tiere kann national wie international erfolgen – und kostet nichts.

Ein Bericht aus Rumänien

Um Ihnen einen persönlicheren Einblick in das Umfeld zu geben, aus denen Tierschutzhunde stammen können, und warum nachhaltiger Tierschutz – wie von mir ein wenig umrissen – so wichtig ist, habe ich Dr. Aurelian Stefan gebeten, ein paar Worte zu seinem Land und den dort lebenden Straßenhunden sowie seiner Arbeit und Vision zu schreiben. Dr. Stefan ist Tierarzt in Rumänien, der sich mit all seiner Kraft für eine Verbesserung der Lebensbedingungen von Straßentieren einsetzt:

Es gibt einfach nicht so viele Häuser, wie es Welpen gibt!

Als kleines Kind sah ich oft, wie die Tiere auf dem Land unter den zum Teil schlechten Bedingungen litten. Die Menschen liebten ihre Tiere, ja mehr noch: Sie brauchten ihre Tiere. Ob Kühe, Pferde, Schafe oder Hunde – sie sicherten ihre Existenz, sicherten ihr Leben. Solange die Tiere gesund waren, war alles gut. Aber in dem Moment, wenn eines ihrer Tiere erkrankte, standen die Menschen vor einem massiven Problem. Nicht nur, dass sie sich die teuren Behandlungen ihrer Tiere nicht leisten konnten. Sie lebten teils selbst am Existenzminimum. Viel schlimmer: Es gab überhaupt keine Tierärzte in greifbarer Nähe. Das ist bis heute in vielen Regionen so. Da kann Rumänien noch einiges aufholen. Die Tiere auf dem Land müssen auch heute noch hart arbeiten. Zum Beispiel haben noch längst nicht alle Menschen ein eigenes Auto. Dann fahren sie mit ihren Pferdefuhrwerken zum nächsten Ort. Überlegen Sie einmal, wann Sie zuletzt in Ihrem Land ein Pferdefuhrwerk gesehen haben! Das ist bestimmt mehr als 50 Jahre her oder vielleicht haben Sie noch nie eines gesehen. Bei uns gehören sie zum Alltag.

Das mitzuerleben, wie Tiere bei uns auf dem Land leiden mussten, hat dann auch den Ausschlag für meinen Berufswunsch gegeben: Ich wollte Tierarzt werden. Weil ich instinktiv wusste: Wenn ich meinen Landsleuten helfe, helfe ich auch deren Tieren. Oder gern auch umgekehrt: Wenn ich den Tieren helfe, helfe ich automatisch auch den Menschen. Als Tierarzt muss man nicht bloß Tierfreund sein, man muss auch Menschenfreund sein! Für mich war und ist der Respekt vor jeglichem Leben immer ein großer Wert. Jedes Lebewesen verdient, mit Fürsorge und Respekt behandelt zu werden.
Bis dahin wusste ich noch nichts von der großen Streunerproblematik in unserem Land, geschweige denn weltweit. Das habe ich erst sehr viel später erfahren. Als Kind und Heranwachsender hält man das, was um einen herum geschieht, für normal. So hielt ich es auch für normal, frei umherlaufende Hunde hier und da anzutreffen. Anfangs war es auch noch nicht so schlimm und sowieso wusste man gar nicht immer so genau, ob sie ein Zuhause hatten oder nicht. Bei uns in Rumänien werden Hunde entweder angekettet oder frei herumlaufen gelassen. Die Hunde müssen irgendwie so „mitlaufen". Ihre Besitzer haben keine Zeit, sich allzu intensiv um sie zu kümmern. In der Stadt sieht es dagegen schon anders aus. Da gibt es vom geliebten vierbeinigen Begleiter bis zum Schoßhund alles. Modehunde wie der Golden Retriever und sogar Weimaraner und Rhodesian Ridgebacks sind auf den Straßen anzutreffen.

Mein Entschluss, in den Tierschutz zu wechseln, entstand vor nunmehr über zehn Jahren. Damals habe ich als junger Arzt in der Smeura angefangen. Eigentlich der ideale Anfang nach dem doch eher theoretischen Studium könnte man denken. Aber die Wirklichkeit ist eine andere. Wer sich gern mit überdimensionierten Dingen befasst, kennt die Smeura bestimmt: Sie ist heute mit über 5000 Tieren das größte Tierheim der Welt – eingetragen im Guiness Buch der Rekorde. Seit Jahren hält die Smeura diesen Rekord! Ein trauriger Rekord, wie ich finde, heißt es doch, dass dort massenhaft Tiere nicht artgerecht gehalten werden können.
Der Einstieg war dann auch ein Schock für mich und mir wurde bewusst, wie groß unser Problem mit Straßenhunden wirklich ist. Sicher: Ich hatte mitbekommen, wie der Bevölkerung ihre Wohnungen genommen wurden und wie sie gezwungen waren, in die grauen Plattenbauten einzuziehen und auf engstem Raum zu hausen. Da war das Aussetzen ihrer Hunde wahrscheinlich noch ihr geringstes Problem. Aber das war natürlich der Anfang allen Übels. Denn nun liefen die Hunde draußen frei herum und konnten sich ungehemmt vermehren. Kastriert waren die natürlich nicht und wenn man bedenkt, das jede Hündin im Schnitt einen Wurf von acht Welpen zur Welt bringen kann, muss man sich eigentlich wundern, dass es nicht viel, viel mehr Streuner heute gibt. 2 Millionen sollen es sein, die Dunkelziffer ist ungewiss. Aber natürlich sind es nicht mehr, weil sie auf den Straßen oft großen Gefahren durch den Straßenverkehr ausgesetzt sind und sie vor Hunger und Durst häufig viel zu früh sterben. Solch ein entbehrungsreiches Leben halten junge Hunde nicht lange durch, sie sterben still und langsam vor sich hin.

Manche Wendungen im Leben passieren dann oft ganz wie von selbst. Man trifft auf die richtigen Menschen im richtigen Moment und schon stellen sich die Weichen automatisch. So war es dann auch bei mir. Ich wollte der Smeura den Rücken kehren: Lieber meine chirurgischen Fertigkeiten optimieren und minimalinvasive Techniken erlernen (Anmerkung der Autorin: Minimalinvasiv bedeutet, dass bei Operationen so kleine Wunden wie möglich entstehen sollen, um den Heilungsprozess zu beschleunigen und das Risiko für Komplikationen wie z.B. Infektionen zu reduzieren). Das lernt man im Studium nämlich nicht. Als junger Mensch all dieses Elend dort zu sehen, hätte mir fast die Freude an meinem Beruf genommen. Bei so vielen Tieren kann kein verantwortungsbewusster Tierarzt seinen Beruf wirklich gut ausüben.
Das wollte ich nicht mehr, ich wollte das tun, weswegen ich den Beruf ergriffen hatte: Helfen! Da erschien es mir am sinnvollsten, meine chirurgischen Fertigkeiten zu optimieren. Gerade für Kastrationen ist das richtige „Handwerkszeug“ sehr wichtig. Die Tiere dürfen keine großen Narben haben nach dem Eingriff, die sich entzünden können und ihnen Schmerzen bereiten. Wo kann man diese Fertigkeiten besser erlernen als in Amerika? Darum ging ich für ein paar Monate dorthin. Das hat mich auch wirklich weitergebracht in dem, was ich für rumänische Straßenhunde erreichen wollte. Aber was mich noch mehr auf den richtigen Weg gebracht hat, war, dass ich durch einen dieser Zufälle auf Nancy Janes traf. Sie ist die Präsidentin von Romania Animal Rescue, Inc. und hatte sich ebenfalls viele Jahre zuvor der Streunerproblematik bei uns angenommen. Wir lernten uns kennen und es wurde schnell klar, dass wir sehr ähnliche Ideen und Gedanken hatten, wie man dieses Problem dauerhaft und nachhaltig lösen kann.
Das waren jedenfalls nicht die massenhaft angeordneten Tötungen, die zudem oftmals noch extrem unwürdig ausgeführt wurden – zum Teil durch meine Kollegen. Im Gegenteil: Der einzig wahre Weg bestand für uns beide darin, die frei lebenden Tiere einzufangen, zu kastrieren und wieder freizulassen: „Catch – Neuter – Release“ wie es im Englischen heißt. Und natürlich auch der Bevölkerung kostenfreie Kastrationen ihrer Tiere anzubieten. Denn deren Tiere sorgen durch ihr freies Leben natürlich auch für den entsprechenden Nachschub an ungewollten Würfen. Mittlerweile führen wir Kastrationstage weltweit durch – immer vorausgesetzt, unsere Spendenaktionen erbringen genügend Spenden, um diese Tage auch zu finanzieren. An solchen sogenannten Spayathons (Wortschöpfung aus to spay = Kastrieren und Marathon) operieren wir oft bis tief in die Nacht und am Ende des Tages hat jeder Tierarzt im Schnitt 30 bis 40 Tiere operiert. Das ist viel, sehr viel, wenn man bedenkt, dass wir ausschließlich minimalinvasiv arbeiten und dabei sehr präzise und sorgfältig vorgehen müssen.

Weitere Ansatzpunkte sahen und sehen wir beide zusätzlich darin, mehr Tierärzte dazu zu befähigen, minimalinvasive Eingriffe durchzuführen, sodass sie in ihren Regionen ebenfalls Kastrationstage organisieren können. Seither trainieren wir überall auf der Welt und ermöglichen somit vielen Tierärzten unsere chirurgischen Techniken zu erlernen. Das Thema Bildung spielt ohnehin immer eine große Rolle, wenn eine Nation umlernen soll, und unsere Kinder sind die Lernfähigsten unter uns. Das wissen wir und deswegen haben wir auch Tierschutzbücher entwickelt, damit die nächste Generation einen anderen Zugang zu Tieren erlernen und einen gesellschaftlichen Wandel herbeiführen kann. Interessanterweise sind Kinder gute Botschafter.

Wir erleben nicht selten, dass sie sogar ihre Eltern überzeugen können, anders mit Tieren umzugehen. Das sind dann die Momente, in denen wir merken, dass wir etwas bewegen können, die Momente, in denen wir uns freuen, diesen teils harten Weg gegangen zu sein und die Momente, in denen wir ihn auch weiterhin beschreiten wollen. Deswegen haben wir damals 2008 beschlossen, zusammenarbeiten zu wollen, und Nancy hat mich gebeten, in ihrer Tierschutzorganisation Romania Animal Rescue, Inc., die medizinische Leitung zu übernehmen.

Für die Tiere, die ungewollt in diese Welt geworfen wurden, und für die Haustiere armer Menschen haben wir als Tierärzte auch ein Herz. Nachdem ich die Smeura nach meiner Rückkehr aus Amerika für immer verlassen hatte, habe ich mit meinem Bruder zusammen meine erste eigene Klinik gegründet. In den Räumlichkeiten dieser Klinik habe ich 2010 das Projekt „Homeless Animal Hospital" ins Leben gerufen. Hier behandeln wir Streuner und die Haustiere armer Menschen kostenlos, sofern es unsere Spendengelder erlauben. Denn die Finanzierung muss gewährleistet sein, damit mein Team auch weiterhin so engagiert wie heute an meiner Seite gegen das große Tierleid in Rumänien angehen kann. Aber oft sind mein Bruder und ich unsere größten Spender: Wir spenden den Tieren häufig ein neues Leben, ein Leben ohne Schmerzen und frei von Krankheit. Zurzeit baue ich an einem großen Traum – meinem Tierschutzzentrum. Dort möchte ich all diese Aktivitäten wie Kastrationstage sowie tierärztliche Versorgung für Tiere aller Art vereinen und ein Bildungszentrum für engagierte Tierärzte und Schulklassen aufbauen. HOPE, unsere mobile Tierklinik, wird da ihre neue Heimat finden und von dort ihre Touren in die entlegenen Gebiete Rumäniens starten, dorthin, wo sonst kein Tierarzt hinkommt. Das Center of HOPE, wie ich es nenne, soll nach meiner Vorstellung das modernste und umfassendste Tierschutzzentrum in ganz Europa werden!

Manchmal in ruhigeren Momenten mache ich mir Gedanken, wie die Zukunft Rumäniens aussehen kann: Wie lange werde ich wohl gegen all das Leid „anoperieren"? Wann werde ich zum ersten Mal sehen, dass die Streunerpopulation deutlich zurückgeht? Wann werden wir all diesen Tieren ein schönes Zuhause geben können? In diesen Momenten wird mir eins ganz klar: **Es gibt einfach nicht so viele Häuser, wie es Welpen gibt!** Dazu müsste jeder Mensch mindestens sechs Hunde zu sich nehmen. Das ist viel zu viel, abgesehen davon, dass einige Menschen nichts für Hunde übrig haben. Also bleibt mir nur, immer weiter zu machen und beharrlich mein Ziel zu verfolgen, das ich mir für all die heimatlosen „Vagabunden-Hunde", wie ich sie manchmal nenne, herbeisehne: Eine Welt ohne Streuner!

Mit diesen eindrucksvollen Worten von Dr. Aurelian Stefan möchte ich dieses Kapitel beenden und schließe mich seiner Hoffnung an, dass das Leid der Straßentiere irgendwann Geschichte ist.

Anhang

Checkliste Adoption

Geduld

- ☐ Verfügen Sie über ausreichend Geduld, bis sich Ihr neues Familienmitglied eingewöhnt hat?
- ☐ Können Sie mit der einen oder anderen Pfütze in der Wohnung umgehen, bis Ihr Hund stubenrein ist?
- ☐ Können Sie Ihre Erwartungen zurückstellen?

Zeit

- ☐ Ist Urlaub für die Eingewöhnungszeit eingeplant?
- ☐ Ist ein Hundesitter generell nötig?
- ☐ Kann der Hund mit zur Arbeit kommen?
- ☐ Wie und wo ist der Hund untergebracht, wenn Sie arbeiten müssen?

Wohnraum

- ☐ In der Stadt?
- ☐ Am Land?
- ☐ Garten vorhanden? Absicherung notwendig?
- ☐ Wo befindet sich die nächste Hundefreilaufzone?
- ☐ Fußbodenheizung in den Innenräumen?
- ☐ Balkon, der abgesichert gehört?
- ☐ Einverständnis für die Hundehaltung vom Vermieter vorhanden?
- ☐ Wohin kann sich der Hund zurückziehen? Wo hat er einen geschützten Platz?
- ☐ Ist Ihre Wohnung über Treppen oder einen Aufzug erreichbar?

Lebensumfeld/Energie

- ☐ Leben kleine Kinder im Haushalt?
- ☐ Sind Angehörige zu pflegen?
- ☐ Machen Sie gerade eine Ausbildung oder Umschulung?
- ☐ Planen Sie einen Jobwechsel?
- ☐ Planen Sie einen Wohnungswechsel?
- ☐ Kriselt es in Ihrer Partnerschaft?

Sollten eine oder mehrere der vorhergehenden Fragen beim Thema Lebensumfeld/ Energie angekreuzt werden, überlegen Sie sich bitte, mit welchen Konsequenzen für Tagesablauf und Lebensumstände zu rechnen ist!

- ☐ Kann Ihnen jemand bei der Versorgung des Hundes zur Hand gehen?
- ☐ Haben Sie im Falle von Krankheit jemanden, der sich um den Hund kümmern kann, z.B. Gassigehen?
- ☐ Wie gehen Sie damit um, wenn der Hund speziellere Betreuung (medizinische Versorgung, Verhaltenstraining usw.) benötigt?
- ☐ Falls Sie in einer Partnerschaft leben: Wo darf der Hund bleiben, sollte es je zu einer Trennung kommen?

Kraft/Gesundheit

- ☐ Möchten Sie mit Ihrem Hund Sport treiben?
- ☐ Möchten Sie lange Spaziergänge machen?
- ☐ Sind Sie körperlich in der Lage, einen kräftigen Hund in Stresssituationen an der Leine zu halten?
- ☐ Wie viel Körpereinsatz ist Ihnen beim Hundetraining möglich?

Zweithund

- ☐ Sind zusätzlich anfallende Tierarzt- und Trainingskosten gedeckt?
- ☐ Sind Sie bereit, Ihren Zweithund als eigenständiges Individuum mit eigenen Bedürfnissen zu sehen und zu akzeptieren?
- ☐ Kommen Sie mit einer sich verändernden Rudeldynamik klar?

Unterstützung

- ☐ Tierarzt vorhanden?
- ☐ Trainingsmöglichkeiten?

Checkliste Sicherheit

Haus/Wohnung/Garten

- ☐ Löcher im Gartenzaun?
- ☐ Höhe Gartenzaun?
- ☐ Möglichkeit des Durchgrabens?
- ☐ Sichtschutz nötig?
- ☐ Absicherung Balkon?

Auto

- ☐ Transportbox (oder eine ähnlich sichere Verwahrungsmöglichkeit)

Hund

- ☐ Registrierung der Kontaktdaten zum jeweiligen Mikrochip auf der üblichen Plattform (Tasso, Animaldata)
- ☐ Check, ob Mikrochipnummer des Hundes mit derjenigen im Heimtierausweis identisch ist
- ☐ Sicherheitsgeschirr
- ☐ Namens- und Kontaktplakette sichtbar am Hund anbringen
- ☐ GPS-Tracker, wenn gewünscht
- ☐ Geruchsprobe

Checkliste Sicherheitsrelevante Übungen

- ☐ Futter langsam aus der Hand nehmen
- ☐ Sich setzen
- ☐ Sich hinlegen
- ☐ Am Platz bzw. in der jeweiligen Position bleiben und warten
- ☐ Aus der Bewegung stehen bleiben
- ☐ Im Auto sitzen bleiben, bis das Ausstiegssignal kommt
- ☐ Auf Signal links oder rechts von Ihnen gehen
- ☐ Krallen pflegen, Ohren und Augen kontrollieren
- ☐ Kennenlernen des Tierarztes und des Untersuchungsganges ohne akuten Anlassfall
- ☐ Besucher in den eigenen vier Wänden
- ☐ Pfoten und Fell abtrocknen

Die folgenden Übungen sind ebenfalls sicherheitsrelevant und wichtig, sind jedoch erst nach der Eingewöhnungszeit und bei unsicheren Hunden nach dem Erreichen von einem gewissen Maß an Stabilität, Sicherheit sowie Selbstvertrauen zu empfehlen:

- ☐ Sich am Kopf tätscheln lassen
- ☐ Am eigenen Hundeplatz gestört werden
- ☐ Begrenzte Zeit allein bleiben
- ☐ Gassigehen mit weiteren Bezugspersonen, nicht nur mit dem Hundehalter
- ☐ Füttern durch weitere Bezugspersonen

Danksagung

Mein herzlicher Dank gilt zunächst allen meinen Tieren, die mir so viel beigebracht haben – sie haben mich aufgefordert, neue Wege zu gehen, und machen mich nach wie vor immer wieder darauf aufmerksam, was gerade wichtig ist.
Gabi! Dir einen riesigen Dank für die wunderbaren Illustrationen, die dieses Buch erst so richtig zum Leben erwecken! Sie sind großartig geworden!
Ein großes Dankeschön meinen Eltern, die mir dabei helfen, meine vielfältigen Interessen und Aufgaben auszuüben.

Ich bin allen Hunden und Menschen unendlich dankbar, die ich in den vergangenen Jahren kennenlernen durfte und die meine Arbeit geprägt haben. Ich bin immer Schülerin und Lehrerin gleichermaßen. Dr. Dorit Haubenhofer hat sich bereiterklärt, ein ganz liebes und gelungenes Geleitwort zu schreiben, herzlichen Dank dafür! Michael Schmorenz danke ich sehr für unsere wunderbaren (und lehrreichen) Streuner und die unermüdliche Arbeit für Straßenhunde.

Bei Dr. Aurelian Stefan möchte ich mich ganz herzlich für seinen Beitrag zu diesem Buch bedanken. Dr. Stefan hat sich als Tierarzt in Rumänien der Aufklärungsarbeit bei den Menschen vor Ort und der Hilfe für notleidende Tiere verschrieben.
Danke für Eure tolle Arbeit!

Last but not least geht ein großes Dankeschön an Frau Dr. Gabriele Lehari und das Team meines Verlags Oertel+Spörer. Die Veröffentlichung dieses Buches kann viele Hundemenschen und ihre Tierschutzhunde beim Zusammenwachsen unterstützen und hoffentlich auch positive Akzente für nachhaltigen Tierschutz setzen!

Ich bedanke mich auch bei allen LeserInnen, die mir bis jetzt geschrieben und mir ihre Geschichten erzählt haben. Es erfüllt mich mit großer Freude, dass dieses Buch einen Anteil daran hat, dass Tierschutzhunde ein neues glückliches Leben beginnen können.

Und natürlich danke ich Ihnen! Ganz besonders danke ich Ihnen, weil Sie einem Tier ein neues Leben ermöglichen möchten. Weil Sie daran interessiert sind, es achtsam und wertschätzend an Ihrem Alltag teilhaben zu lassen. Für dieses Tier verändern Sie eine ganze Welt. Seine Welt.

Nützliche Informationen

Informationen zu meinem Kursangebot in Österreich und Deutschland erhalten Sie auf meiner Homepage www.mittierenleben.at
Ich unterstütze Sie gern auch individuell und freue mich über Ihre Kontaktaufnahme.

Weitere Informationen zum Center of Hope von Dr. Aurelian Stefan erhalten Sie unter www.romaniaanimalrescue.org/center-hope oder Vetpawsitive@gmail.com

Michael Schmorenz betreibt ein Tierasyl in Cotmenita, Rumänien, versorgt hier Welpen und Junghunde sowie deren Mütter, wenn sie noch leben, sucht ein neues Zuhause für sie, versucht die Menschen vor Ort zum Umdenken zu bewegen und fördert durch Kastrationen nachhaltigen Tierschutz.

Seine Arbeit wird unterstützt von:
Streunerhilfe e.V.
Breslauer Straße 3
D-42277 Wuppertal
Deutschland
Tel.: +49 (0) 202-6480339
Fax: +49 (0) 202-2987857
Mobil: +49 (0) 162-7427009
E-Mail: info@streunerhilfe.de
Web: www.streunerhilfe.de

Der Verein Pfotenhilfe ohne Grenzen e. V. unterstützt die Hunde im öffentlichen Tierheim in Botosani, Rumänien. Die Tötungen wurden hier von den Behörden unter der Auflage ausgesetzt, dass für die Hunde das Futter bereitgestellt und eine gewisse Höchstzahl an Hunden nicht überschritten wird. Pfotenhilfe ohne Grenzen stellt Futter zur Verfügung, unterstützt die medizinische Versorgung und gibt diesen Hunden durch Vermittlungen eine Chance auf ein neues Leben.

Pfotenhilfe ohne Grenzen e.V.
Mühlenweg 30A
D-44809 Bochum
Deutschland
Web: www.pfotenhilfe-ohne-grenzen.de

Quellenverzeichnis

[1] Leitlinie zur Impfung von Kleintieren, 5. Auflage, Stand 01.01.2021,
Ständige Impfkommission Veterinärmedizin (StIKo Vet)
https://www.tieraerzteverband.de/bpt/berufspolitik/leitlinien/impfleitlinien.php
(Abgerufen: 18.2.2021, 21:15)

[2] Bundesgesetz über den Schutz der Tiere (Tierschutzgesetz – TSchG)
https://www.ris.bka.gv.at/GeltendeFassung/Bundesnormen/20003541/TSchG%2c%20Fassung%20vom%2014.02.2021.pdf
(Abgerufen: 14.2.2021, 20:30)

[3] Tierschutzgesetz in der Fassung der Bekanntmachung vom 18. Mai 2006
(BGBl. I S. 1206, 1313), das zuletzt durch Artikel 280 der Verordnung vom 19. Juni 2020
(BGBl. I S. 1328) geändert worden ist
http://www.gesetze-im-internet.de/tierschg/BJNR012770972.html
(Abgerufen: 16.2.2021, 16:30)

[4] Bundesministerium für Ernährung und Landwirtschaft: Pressemitteilung Nr. 14/2021
(28. Jan. 2021): Onlinehandel mit Tieren: Portale brauchen einheitliche Standards
https://www.bmel.de/SharedDocs/Pressemitteilungen/DE/2021/14-runder-tisch-online-tierhandel.html
(Abgerufen: 17.2.2021, 10:45)

[5] Bundesministerium für Ernährung und Landwirtschaft: Artikel „Illegaler Handel mit Hundewelpen"
https://www.bmel.de/DE/themen/tiere/haus-und-zootiere/illegaler-welpenhandel.html
(Abgerufen: 17.2.2021, 10:50)

[6] Kommunikationsplattform VerbraucherInnengesundheit
(Ein Service des Bundesministerium für Soziales, Gesundheit, Pflege und Konsumentenschutz):
https://www.verbrauchergesundheit.gv.at/tiere/tierschutz/faqhundchip.html#heading_Die_Heimtierdatenbank___Registrierungsmoeglichkeiten
(Abgerufen: 17.2.2021, 10:23)

[7] Telefonat Bundesministerum für Ernährung und Landwirtschaft, 17.2.2021

[8] Bundesministerium für Ernährung und Landwirtschaft, AZ 321-08003/0028, 25. Oktober 2016

[9] Gerichtsentscheid des Bundesverwaltungsgerichts (BVG) zum Einsatz von Stromreizgeräten in Deutschland:
http://www.bverwg.de/entscheidungen/pdf/230206U3C14.05.0.pdf
(Abgerufen am 23.10.2016, 23:44)

[10] Online-Duden: http://www.duden.de/rechtschreibung/Opportunist
(Abgerufen am 14.4.2016, 00:01)

[11] Stowasser J.M., Petschenig M., Skutsch F. (1991). Der Kleine Stowasser. Lateinisch-Deutsches Schulwörterbuch. Verlag Hölder-Pichler-Tempsky, Wien. S. 6.

Literaturempfehlungen

Clothier, Suzanne: Body Posture & Emotions (shifting shapes, shifting minds). Flying Dog Press, 1996.

Hood, Robyn und Pretty, Mandy: All wrapped up for pets. Tellington TTouch Training, Canada, 2011.

Masaru, Emoto: Die Botschaft des Wassers. Koha-Verlag.

McTaggart, Lynne: Intention – Mit Gedankenkraft die Welt verändern. VAK Verlag, 2007.

Tellington-Jones, Linda: Tellington-Training für Hunde (Das Praxisbuch zu TTouch und TTeam). Franckh-Kosmos Stuttgart, 1999.

Tolle, Eckhart: Leben im Jetzt – Lehren, Übungen und Meditationen aus „The Power of Now". Arkana München, 2012.

Verlagsempfehlungen

Göbel, Michaela: Taube Hunde. 2. Auflage, Oertel+Spörer, Reutlingen 2021.

Jansen, Karin: Rassespezifisches Territorialverhalten bei Hunden. 2. Auflage, Oertel+Spörer, Reutlingen 2018.

Jansen, Karin: Rassespezifisches Jagdverhalten bei Hunden. Oertel+Spörer, Reutlingen 2014.

Kolbe, Katrin: Wie Hunde lernen. Oertel+Spörer, Reutlingen 2016.

Kolbe, Katrin und Lehari, Gabriele: Nasenarbeit. Oertel+Spörer, Reutlingen 2013.

Küng, Silvia: Sozialpartner Hund. Oertel+Spörer, Reutlingen 2016.

Pawletko, Petra: Heilpflanzen für Tiere. 2. Auflage, Oertel+Spörer, Reutlingen 2017.

Pawletko, Petra: Spagyrik für Tiere. Oertel+Spörer, Reutlingen 2016.

Reichenbach, Uta: Wie Hunde kommunizieren. Oertel+Spörer, Reutlingen 2011.

Reichenbach, Uta und Lehari, Gabriele: Der zuverlässige Begleithund. 4. Auflage. Oertel+Spörer, Reutlingen 2021.

Ruhsam, Kerstin: Aromatherapie für Hunde. 2. Auflage, Oertel+Spörer, Reutlingen 2018.

Sauter, Gudrun: Galgos bellen ~~nicht.~~ 2. Auflage, Oertel+Spörer, Reutlingen 2019.

Vitzthum, Silke und Rosenhänger, Susanne: Beagle. Oertel+Spörer, Reutlingen 2010.

von der Brüggen, Tina: Heilströmen für Tiere. 2. Auflage, Oertel+Spörer, Reutlingen 2017.

von der Brüggen, Tina und Fischer, Camilla: Naturheilverfahren für Hunde. Oertel+Spörer, Reutlingen 2015.

Werner, Tina: Wellness für Hunde. 2. Auflage, Oertel+Spörer, Reutlingen 2016.

Werner, Tina: Blutegeltherapie am Tier. Oertel+Spörer, Reutlingen 2011.